Wafa Rjeibi
Basma Kahlaoui
Mohamed Hachicha

Effet de l'irrigation avec des eaux salées sur une culture de quinoa

Éditions universitaires européennes

Effet de l'irrigation avec des eaux salées sur une culture de quinoa

Réponses du quinoa aux contraintes hydrique et saline

Wafa Rjeibi
Basma Kahloui
Mohamed Hachicha

Impressum / Mentions légales

Bibliografische Information der Deutschen Nationalbibliothek: Die Deutsche Nationalbibliothek verzeichnet diese Publikation in der Deutschen Nationalbibliografie; detaillierte bibliografische Daten sind im Internet über http://dnb.d-nb.de abrufbar.

Alle in diesem Buch genannten Marken und Produktnamen unterliegen warenzeichen-, marken- oder patentrechtlichem Schutz bzw. sind Warenzeichen oder eingetragene Warenzeichen der jeweiligen Inhaber. Die Wiedergabe von Marken, Produktnamen, Gebrauchsnamen, Handelsnamen, Warenbezeichnungen u.s.w. in diesem Werk berechtigt auch ohne besondere Kennzeichnung nicht zu der Annahme, dass solche Namen im Sinne der Warenzeichen- und Markenschutzgesetzgebung als frei zu betrachten wären und daher von jedermann benutzt werden dürften.

Bibliographic information published by the Deutsche Nationalbibliothek: The Deutsche Nationalbibliothek lists this publication in the Deutsche Nationalbibliografie; detailed bibliographic data are available in the Internet at http://dnb.d-nb.de.

Any brand names and product names mentioned in this book are subject to trademark, brand or patent protection and are trademarks or registered trademarks of their respective holders. The use of brand names, product names, common names, trade names, product descriptions etc. even without a particular marking in this work is in no way to be construed to mean that such names may be regarded as unrestricted in respect of trademark and brand protection legislation and could thus be used by anyone.

Coverbild / Photo de couverture: www.ingimage.com

Verlag / Éditeur:
Éditions universitaires européennes
ist ein Imprint der / est une marque déposée de
OmniScriptum GmbH & Co. KG
Heinrich-Böcking-Str. 6-8, 66121 Saarbrücken, Deutschland / Allemagne
Email: info@editions-ue.com

Herstellung: siehe letzte Seite /
Impression: voir la dernière page
ISBN: 978-3-8416-6436-5

Effet de l'irrigation avec des eaux salées sur une culture de quinoa (*Chenopodium quinoa Willd*) en Tunisie

Réponses du quinoa aux contraintes hydrique et saline

Rjeibi Wafa

Kahlaoui Besma

Hachicha Mohamed

Liste des tableaux

Liste des figures

Liste des abréviations

Ca^{2+} : Calcium

CE : Conductivité électrique

CEe : Conductivité électrique de l'extrait

Chl : Chlorophylle

Cl^-: Chlorure

cm : centimètre

cm^2: centimètre carré

dS/m : decisiemens

g : gramme

h : heure

HNO_3 : acide nitrique

K^+: Potassium

MF : Matière fraiche

mg : milligramme

Mg^{2+} : Magnésium

$Mg_2P_2O_7$: Pyrophosphate

ml : millilitre

mm : millimètre

MS : Matière sèche

Na^+: Sodium

NaCl : Chlorure de sodium

P: Phosphore

Sommaire

Introduction

Dans le Monde, la productivité et le développement agricole sont confrontés à plusieurs contraintes biotiques (les champignons, les bactéries et les insectes) et abiotiques (sécheresse, froid, gel et salinité). Parmi ces contraintes, celle hydrique et saline sont considérés comme les facteurs les plus importants limitant la production notamment au niveau des régions arides et semi arides.

En Tunisie, le climat est caractérisé par un déficit hydrique qui varie en fonction des régions amenant à l'irrigation or les ressources en eau existantes sont limitées et certaines sont de qualités médiocres assez chargées en sels (Hachicha, 2007). Le problème de la salinité prend ainsi de plus en plus d'ampleur dans la plupart des pays en voie de développement, où les terres fertiles et les eaux de bonne qualité sont insuffisantes pour une population qui contenue à augmenter.

L'excès de sels affecte en premier lieu l'activité biologique du sol surtout la biomasse microbienne. L'absence de lessivage entraine une augmentation de la concentration des sels dans la zone racinaire (salinisation) et conduit à la dégradation de la texture en sol argileux (sodisation). Ceci se répercute sur les plantes par l'augmentation de la pression osmotique en agissant sur leur disponibilité en eau. En effet, plusieurs auteurs ont montré l'effet dépressif des sels sur les paramètres physiologiques des plantes (germination, croissance, rendement et qualité des produits) aussi bien que sur les paramètres métaboliques (teneur en chlorophylle, teneur en proline) (Munns, 2002).

Le choix des plantes forme un moyen pour gérer la salinité. Dans ce contexte, les espèces qui ont une certaine tolérance aux sels ouvrent des perspectives d'amélioration considérable de la croissance et du rendement des cultures (Ashraf et *al.,* 2008). Parmi ces espèces, le quinoa (*Chenopodium quinoa Willd*) retenu par le FAO comme la plante de l'année 2013, est une plante originaire d'Amérique du Sud (Benes et *al.,* 2001) très adaptée aux différents stress abiotiques comme la sécheresse, la salinité, le gel, le vent et la grêle (Jacobsen et *al.*, 2003; Mujica et *al.*, 2001). Grâce à sa variabilité génétique, cette plante halophytique a une capacité potentielle importante de croitre sous différentes conditions agro-climatiques dans plusieurs pays du Monde (Adolf et *al.*, 2013; Shabala et *al.*, 2013)

Pour évaluer ses performances dans les conditions tunisiennes, le Laboratoire de Recherches sur la Valorisation des Eaux Non Conventionnelles en collaboration avec l'Université de Santiago en Chili et l'ACSAD a mis en route un programme sur l'effet de l'irrigation avec des eaux salées sur le quinoa. C'est dans ce cadre qu'a eu lieu ce mastère. Il s'agit de la première étape réalisée en conditions contrôlées.

Le mémoire est composé de trois chapitres :

✓ Le premier est consacré à une synthèse bibliographique présentant la qualité des eaux et des sols en Tunisie, la notion des stress abiotiques surtout le stress hydrique et le stress salin, leurs effets sur les plantes, les mécanismes d'adaptation, aussi bien qu'une présentation de l'espèce étudiée, son origine, sa classification, ses caractéristiques et ses mécanismes de tolérance aux stress.

✓ Le deuxième chapitre comporte une description des méthodes appliquées et du matériel végétal utilisé.

✓ Le troisième chapitre concerne les résultats et leur discussion. Le présent travail est achevé par une conclusion et des perspectives.

Chapitre I : Synthèse Bibliographique

I. Qualité des eaux et de sols en Tunisie

En Tunisie, les ressources en eau sont d'environ 4,8 milliards de m^3 dont 2,7 milliards de m^3 sont des eaux de surface et 2,1 milliards de m^3 des eaux souterraines. Environ 30 % de ces eaux ont plus de 3 g/l. Ils sont utilisés en agriculture (Hachicha, 2007). Dans les régions semi-arides et arides de la Tunisie, la pénurie, la variabilité de la pluie et la forte évaporation entraine la salinisation du sol. La qualité mauvaise de l'eau et sa contamination par l'eau de mer participe aussi à ce phénomène. Les sols affectés par la salinisation couvrent environ 1,5 million d'hectares, soit à peu près 10 % de la surface totale du pays. Parmi ces sols on a presque 50 % des zones irriguées qui sont affectés et 10 % qui sont sévèrement affectées (Hachicha, 2007).

II. Les contraintes abiotiques

Les contraintes abiotiques ont des effets variables sur l'agriculture. Ils se produisent dans la nature généralement en différents stress. En effet, les processus impliqués dans l'élaboration du rendement d'une culture sont influencés essentiellement par deux types de facteurs: génétiques (facteurs intrinsèques) et environnementaux (facteurs extrinsèques) (Spano et *al.*, 2013). Ces derniers sont divisés principalement en des groupes selon leur nature. Parmi ces groupes, on note le stress hydrique qui est relié aux contenus hydrique du sol et de l'air et celui salin qui est relié à la composition en éléments minéraux du sol (Nixon et *al.*, 2005).

II.1. La contrainte hydrique

II.1.1. Définition

La contrainte hydrique résulte de la faible pluviométrie, du faible stockage de l'eau dans le sol (Lionello et *al.*, 2006) et du degré de transpiration de la plante excédant son absorption d'eau par les racines (Endo et *al.*, 2008). Il se traduit tout d'abord par la perception de la baisse du potentiel hydrique au niveau du sol qui se traduit par des enzymes membranaires appelant « kinases » qui envoient des signaux à travers la sève brute vers la partie foliaire (Chaves et *al.*, 2003).

II.1.2. Effets de la contrainte hydrique sur les plantes

La contrainte hydrique limite sérieusement la productivité végétale. D'après Radhouane et *al.* (2014), elle affecte le sorgho en diminuant son rendement et sa qualité. En effet, chez la plante du tournesol, un baisse de la croissance entraine une diminution de la surface foliaire réduisant ainsi la capacité photosynthétique de la plante entière (Steduto et *al.*, 2000) ceci est dûe au faite que sous un déficit d'eau sévère, il se produit une destruction de certaines mécanismes au niveau du photosystème II (PSII) où un blocage au niveau du transport des électrons du dioxygène et une baisse du quenching photochimique empêche l'excès de l'énergie d'excitation de dissiper (Nogués et Baker, 2000). Un manque d'eau chez les céréales spécifiquement le blé, entraine une fermeture directe des cellules de gardes «stomates », également une modification des phénomènes de respiration et des activités enzymatique ont été apparait comme elle est le cas des amylases synthases (Gate et *al.*, 2008). Selon Radhouane (2008), une étude variétale sur le mil indique qu'au cours d'un manque d'eau un effet dépressif du potentiel foliaire s'accomplit à la fois d'une réduction de la teneur relative en eau. Ce dernier entraine une chute au niveau de la turgescence et empêche également l'ajustement osmotique.

Par ailleurs, et pour bien se développer, la plante doit disposer des mécanismes de tolérance qui lui permettent de s'adapter à la sécheresse.

II.1.3. Mécanisme de tolérance des plantes à la contrainte hydrique

Pour faire face au stress, la majorité des plantes développent des stratégies de tolérance. On peut citer trois stratégies:

a) Dans la première stratégie, comme elle est le cas chez le blé et l'orge (Hedhbi, 1996), la plante peut s'échapper du stress en raccourcissant son cycle de développement et en achevant la phase de reproduction avant que le stress physiologique du déficit hydrique la perturbe (Blum et Ritchie, 1984), Chez la tomate, Romero-Aranda et *al*., (2001) ont montré que la diminution de la croissance n'est pas une conséquence des perturbations osmotiques mais c'est une stratégie adoptée par la plante du tomate pour limiter les pertes d'eau.

b) La deuxième stratégie consiste à éviter le stress hydrique en maintenant les tissus hydratés. Pour cela, la perte d'eau par évaporation est minimisée par la fermeture des stomates ou par l'enroulement des feuilles pour limiter l'énergie lumineuse incidente comme chez le riz (Bois et *al*., 1987). Selon Abassi et *al*. (2012), une augmentation de la densité des stomates confère au peuplier un système de régulation stomatique plus efficace qui limite l'ouverture des ostioles et par conséquent réduit la perte d'eau. Les travaux effectués par Slama (1996) sur des variétés de blé dur ont montré que le développement d'un système racinaire en cas de manque d'eau, entraine une augmentation du rendement due à sa plasticité et ses capacités d'expansion en profondeur dans les couches du sol. Cette tolérance peut être expliquée par leur capacité à extraire l'eau disponible dans les couches profondes du sol et à maintenir un taux d'évapotranspiration élevé pendant la période sèche (Megherbi et *al.,* 2012).

c) Dans la troisième stratégie, les plantes essaient de tolérer le stress une fois établi. Certaines plantes développent des mécanismes qui leur permettent de supporter la déshydratation de leurs tissus et de survivre à l'état déshydraté en accumulant ou en synthétisant certains métabolites solubles comme le tréhalose, la proline et la glycine betaine chez le blétaine (Zentella et *al.*, 1999) qui permettent de garder la turgescence et le volume cytosolique aussi élevé que possible (Gupta et *al.,* 2014). Les sucres, même s'ils représentent des osmoticums beaucoup moins puissants, participent également au maintien de la balance de la force osmotique (Gupta et *al.,* 2014). Une étude menée par David et Grongnet (2001) sur deux variétés de blé dur Karim et Tomouh a montré une augmentation des protéines totales au niveau des racines pendant un déficit hydrique. Cette augmentation est due à une activation d'un ensemble de gènes permettant la synthèse des protéines spécifiques associées aux stress telles que les protéines «LEA».

II.2. La contrainte saline

II.2.1. Définition

La contrainte saline est définie comme étant l'augmentation brutale de la concentration en sels qui conduit à la naissance d'un afflux plus élevé d'ions dans la cellule suite à une diminution de la concentration du milieu externe. En fait, le terme de stress salin s'applique surtout à un excès d'ions en particulier mais pas exclusivement aux ions Na^+ et Cl^- (Hopkins, 2003). La salinité s'exprime soit par la valeur de la conductivité électrique (CE) soit par le résidu sec (RS).

II.2.2 Effets de la contrainte saline sur les plantes

II.2.2.1. Au niveau du stade germinatif

La germination est considérée comme une étape critique dans le cycle de développement de la plante. Elle conditionne l'installation de la plantule, son branchement sur le milieu et probablement sa productivité ultérieure (Tremblin et Binet., 1984). D'après Ben Gamra (2007), la salinité réduit d'une part, la vitesse de germination et d'autre part, sa capacité germinative. Selon Hajlaoui et *al.* (2007), l'augmentation de la concentration saline jusqu'à une dose de 102 mM entrave le processus de mobilisation des réserves et diminue la moyenne de la germination journalière chez le pois chiche. Lachhab et *al.* (2013) ont indiqué que l'application d'un stress salin retarde la germination des graines de luzerne à de faibles concentrations (100 mM) et il l'inhibe complètement à des concentrations plus fortes (200 mM). Ils ont montré aussi que la salinité a un effet inhibiteur sur l'activité des protéases qui serait impliquée dans le processus de germination.

II.2.2.2. Au niveau du stade végétatif

En cas de stress salin, tous les processus majeurs tels que la photosynthèse, la synthèse des protéines et les métabolismes énergétiques sont affectés (Kadri et *al.*, 2009). Ben Naceur et *al.* (2001) ont signalé que la diminution de la surface foliaire, la fermeture des stomates et la déficience de la fixation du gaz carbonique entrainent une réduction de la photosynthèse. Dans le même contexte, Ben Khaled et *al.* (2003) ont montré que la salinité induit chez le trèfle une désorganisation des membranes thylakoïdiennes et une accumulation de l'amidon et des globules lipidiques au niveau des chloroplastes. La présence du sel dans le milieu de culture affecte aussi la croissance et le développement racinaire tel qu'une diminution du potentiel osmotique suivie d'un effet toxique par les ions contribuant ainsi à une lésion des racines suivie du flétrissement de la plante (Greenyway et Munns, 1980; Epron et

Toussaint, 1999). Un taux élevé du sel perturbe l'alimentation en eau et en éléments nutritifs essentiels et entraîne une accumulation excessive des ions toxiques comme les ions Na^+ et Cl^- (Munns, 2002). En effet, elle limite l'accumulation de K^+ et de Ca^{2+} dans les organes des plantes comme c'est le cas du blé dur (Bouaouina et *al.*, 2000).

II.2.3. Mécanisme de tolérance des plantes à la salinité

Face au stress salin, la plante met en place des mécanismes de tolérance qui impliquent une voie de signalisation spécifique conduisant à des stratégies de protection de la cellule.

A l'échelle de la plante entière, les ions Na^+ et Cl^- peuvent soit être retenus et mobilisés par la sève phloémique tout au tour des racines pour être ré-excréter vers le milieu extérieur sans retourner grâce à la présence de la couche interne au niveau de l'endoderme racinaire, c'est la stratégie des plantes exclusives; soit, au contraire, pénétrés par les racines puis véhiculés par la sève xylémique jusqu'aux tiges et feuilles pour être stockés ou compartimentés dans la vacuole grâce à un système de pompage d'ions (plantes inclusives) (Munns, 1993). Abassi et *al.* (2012) ont montré que l'augmentation de la densité des stomates et des trichomes chez le peuplier blanc *Populus alba* peut être aussi une des moyennes de tolérance à l'excès de sels. En outre, l'augmentation de l'épaisseur du paroi supérieure et la formation de cutine au niveau des cellules épidermiques se présentent comme des méthodes de protection contre les effets néfastes de la salinité (Cornelissen et *al.*, 2003).

A l'échelle cellulaire, la séquestration vacuolaire se fait généralement pour préserver le cytoplasme de la toxicité des ions puisqu'il est le lieu de déroulement de tous les processus métaboliques et l'ajustement osmotique (Yeo et Flowers, 1980). L'augmentation de la succulence chez les halophytes peut être parmi les stratégies adaptatives à la salinité. Elle se traduit par une augmentation de la taille cellulaire grâce à une force motrice pour devenir plus turgescente en présence du sel. La forte rétention de l'eau au niveau des feuilles permet la dilution des sels présents dans le milieu (Park et *al.*, 2009). Dans la tolérance à la salinité, les études relatives aux mécanismes impliqués ont montré qu'en présence des ions sodium, la plante maintien une sélectivité entre les cations sodium et potassium. La sélectivité en faveur de K^+ permet d'augmenter sa teneur alors que celle de Na^+ demeure faible (Warn et *al.*, 1999). Barhoumi et ses collaborateurs (2007) ont montré que chez le dactyle des grèves (*Aeluropus littoralis*), les ions toxiques sont excrétés par des glandes spécifiques au même temps que la rétention des ions K^+, Ca^{2+} et Mg^{2+}. Les Chénopodiacées synthétisent des solutés osmo-compatibles comme la glycine bétaine (GB) a fin d'éviter la déshydratation des cellules (Park et *al.* 2009) alors que le trèfle libère les sucres solubles (Ben Khaled et *al.*, 2003) et le tournesol synthétise la proline (El Midaoui et *al.*, 2007). Selon d'autres auteurs, la surexpression de certains gènes comme NHX1 augmente aussi l'amélioration de la tolérance à la salinité chez *Brassica napus* (Zhang et *al.*, 2001). Pour contrarier les effets nocifs des ROS, les plantes développent des mécanismes de défense antioxydants multiples comme les phénols, les molécules protectrices importantes et les antioxydants de faible poids moléculaires tels que l'ascorbate et le glutathion. Généralement, la génération des ROS améliorées au cours du stress peut agir comme un déclencheur de la réponse au stress (Lenher et *al.*, 2006).

III. Chenopodium quinoa Willd

III.1. Présentation de la plante

III.1.1. Origine du quinoa

"Quinoa " est un mot d'Amérique du Sud. Selon les traces archéologiques, la plante a été découverte dans les grottes d'Ayacucho en Pérou depuis 7 800 ans. Sa plage naturelle de distribution spatiale (Figure 1) varie de la Colombie jusqu'au Chili en particulier la Bolivie, le Pérou, l'Equateur et l'Argentine (Fuentes et *al.*, 2012). Dans la langue de quechua, le quinoa est appelé *chisiya* ce qui signifie céréale mère grâce à sa valeur nutritive élevée. Les chercheurs ont appelé cette plante « la graine d'or des Andes » (Cauda et *al.*, 2013).

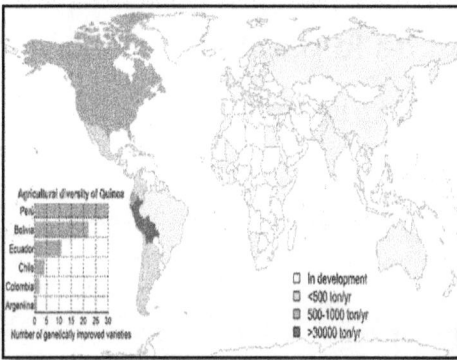

Figure 1. Répartition mondiale de la production de quinoa (FAO, 2011).

Le Pérou et la Bolivie sont les principaux producteurs suivis par l'Équateur, le Chili, la Colombie et l'Argentine. Le Mexique produit essentiellement cette plante pour la consommation locale. Les autres pays sont en train d'élaborer des projets sur le quinoa (FAO 2011).

III.1.2. Classification taxonomique de la plante

D'après Cauda et *al.* (2013), le quinoa est une plante qui appartient au sous embranchement des *Tracheobiontacées*, classe des *Magnoliopsida*cées, ordre des *Caryophyllacées*, famille des *Amarantacées*, genre des *Chenopodiums* et espèce du *Chenopodium quinoa.*

Figure 2.
Chenopodium quinoa Willd

Source :
http://www.institut klorane.org/botanique/ herbiers

III.1.3.Caractères végétatifs du quinoa

Le quinoa est une plante dicotylédone donc elle n'est pas une vraie céréale (monocotylédone) mais considérée comme une pseudo-céréale grâce à la richesse des graines en amidon parfois nommées pseudo-graines oléagineuses en raison du taux élevé en lipide (Cauda et *al.*, 2013; Hager et *al.*, 2014). C'est une plante multi-couleurs et annuelle (Jacobsen et Stolen, 1993).

Le quinoa possède une racine en pivot vigoureuse qui se divise pour donner naissance à des racines secondaires et tertiaires généralement d'une longueur proportionnelle à la hauteur de la plante (Pacheco et Morlon, 1978). D'après Gandarillas (1979), le pivot peut atteindre à maturité une longueur de 30 cm (sans les racines secondaires et tertiaires). Ce système racinaire profond et ramifié pourrait être une des raisons expliquant la résistance à la sécheresse du quinoa. La tige chez le quinoa est sous forme cylindrique au niveau du collet, puis anguleuse à partir des ramifications. Son diamètre peut varier entre 1 - 8 cm et sa hauteur entre 0,5 - 2 m, selon la variété et les conditions culturales. A l'intérieur de la tige, on trouve une moelle non fibreuse, de couleur blanche à crème qui dans les premiers stades de développement est massive, mais devient aérée et spongieuse à l'approche de la maturité. Au contraire, le cortex est ferme et compact. L'épiderme de la tige peut être vert, à rayures violettes ou rouges ou encore entièrement rouge (Gandarillas, 1979). Les feuilles sont alternes sur la tige. Elles sont pétiolées, avec un pétiole long, fin et cannelé. Les feuilles inférieures sont triangulaires ou rhomboïdales, de grande taille, pouvant atteindre environ 15 cm. Les feuilles supérieures sont lancéolées et plus petites, certaines ne dépassant pas 1 cm de longueur sur 2 mm de largeur au sommet de la plante (Jacobsen et Stolen, 1993; Mujica et *al.,* 2001). L'inflorescence du quinoa est une panicule constituée d'un axe principal duquel émergent des axes secondaires et tertiaires. Les fleurs sont petites et incomplètes, ne possédant pas de pétales (Jacobsen et Stølen, 1993; Mujica et *al.*, 2001). Elles présentent un large spectre de couleurs qui évolue au cours de la maturation des grains de quinoa. Le fruit du quinoa est un akène recouvert par le périanthe duquel il se sépare facilement à l'état sec (Jacobsen et *al.*, 1994). Il peut être de forme conique, cylindrique ou ellipsoïdale. Sa taille varie entre 1 et 3 mm et son poids entre 2 et 6 mg. La graine est entourée d'un fin épisperme qui peut avoir des colorations diverses (Jacobsen et Stolen, 1993; Mujica et *al.*, 2001).

III.2. Comportement du quinoa sous contraintes abiotiques

III.2.1. Contrainte hydrique

A fin d'échapper aux périodes de sécheresse, la plante recourt à un allongement du cycle pendant les premiers stades de croissance (Mujica et *al.*, 2001; Jacobsen et *al.*, 2003) alors qu'elle suit d'autres stratégies pour tolérer le stress, principalement grâce à l'élasticité de ses tissus, à son potentiel osmotique faible et au maintien de sa turgescence. Cette plante se caractérise par un système racinaire très étalé en surface et qui peut être profond dans le sol. Pour maintenir la turgescence en cas du manque d'eau, le quinoa recourt à la réduction de sa surface foliaire par la chute des feuilles, la formation de glandes vésiculaires spéciales et de petites cellules ayant une paroi épaisse. Le quinoa se caractérise par un comportement stomatique dynamique (Jensen et *al.*, 2000). D'après Shabala et *al.* (2013), une importante quantité d'eau évaporée au niveau de la surface de la feuille peut contourner les stomates et se produire à travers la cuticule. Selon Geerts et *al.* (2008), la plasticité phénologique élevée du quinoa se comporte comme un mécanisme d'échappement à la sécheresse puisque un stress hydrique sévère pendant le stade de floraison peut entraîner une augmentation considérable du temps de floraison et de la maturité physiologique, alors qu'un stress modéré n'est pas susceptible de provoquer cet effet.

III.2.2. Contrainte saline

Le quinoa présente une tolérance considérable à la salinité. Il utilise des mécanismes inédits pour obtenir une telle tolérance (Maughan et *al.,* 2009). D'après Jacobsen et *al.* (2000b), cette plante augmente sa demande de potassium en cas de stress salin pour réaliser l'ajustement osmotique. Ceci est indiqué aussi par Shabala et *al.* (2013) qui ont montré que les plantes cultivées dans une solution saline (400 mM de NaCl) avaient deux fois plus de K^+ dans la sève foliaire sous des conditions non salines. Ces derniers auteurs ont montré aussi que chez le quinoa, la perte de charge peut être compensée par une accumulation des ions K^+ ou Na^+ dans la sève brute accompagnée d'un contrôle xylémique de Na^+ et que l'exclusion racinaire des ions toxiques n'a qu'un rôle mineur dans la tolérance à la salinité. Selon Jacobsen et *al.* (2000), le quinoa a la capacité d'accumuler des ions toxiques dans ses tissus pour l'ajustement du potentiel hydrique foliaire. D'après Shabala et *al.* (2013), des fortes concentrations en Na^+ dans les vacuoles doivent être équilibrées par des quantités également élevées des osmolytes organiques ou inorganiques dans le cytosol à fin d'empêcher le mouvement de l'eau entre les deux compartiments. En outre, les changements dans la densité stomatique contribuent à l'amélioration de l'efficacité de l'utilisation de l'eau au niveau du quinoa dans des conditions salines. Maughan et *al.* (2009) ont indiqué qu'un gène SOS_1 (Salt Overly Sensitive) codant pour un antiport Na^+/H^+ de la membrane plasmique joue un rôle important dans la germination et la croissance du quinoa.

III.3. Intérêts du quinoa (*Chenopodium quinoa Willd*)

La culture du quinoa connaît depuis une quinzaine d'années un grand succès commercial. Sa production peut contribuer à la sécurité alimentaire surtout dans les régions méditerranéennes (Jacobsen et *al.*, 2012). Le quinoa peut être utilisé dans plusieurs domaines comme un aliment pour les bétails. Les feuilles, les tiges et les graines sont utilisées pour un but médicinal depuis longtemps par les habitants des Andes à fin de guérir les blessures, réduire l'enflure, calmer la douleur des dents et désinfecter le canal urinaire. Elles sont aussi utilisées dans les cas de saignement et comme insecticide. La richesse du quinoa en protéines lui permet d'être utilisé comme supplément nutritionnel pour l'homme et les animaux. Sa teneur en protéines varie entre 14 et 20 % par 100 g de sa matière sèche. Même les graines sont riches en acides aminés essentiels tels que la lysine et la méthionine et en vitamines (Cornai et *al.*, 2007; Cauda et *al.*, 2013). Le quinoa est une source très importante de calcium qui est très intéressant pour les végétariens et ceux qui ont une intolérance au lactose (Ruales et Nair, 1993). La plante du quinoa contient aussi les fibres alimentaires nécessaires à la santé humaine en plus de sa richesse en phosphore, magnésium et fer (Bhargava et *al.*, 2006). L'amidon du quinoa a une stabilité excellente pendant les conditions de décongélation. En raison de l'absence de gluten, cette pseudo-céréale est parfaitement adaptée pour les patients atteints de la maladie cœliaque (intolérance au gluten) qui sont obligés de maintenir un régime alimentaire sans gluten à vie (Foste et *al.*, 2014). Le quinoa a plusieurs utilisations industrielles en raison de la petite taille de sa graine comme la production d'aérosol et pâte à papier. Il est également utilisé dans l'industrie du plastique et le talc. La saponine extraite de péricarpe de la graine a la propriété d'induire des changements dans la perméabilité intestinale et d'assister dans l'absorbation des particules médicamenteux. Elle est reconnue par ses qualités antioxydants et ses propriétés anti-inflammatoire, anti-cancérigène et antivirale. Elle peut être utilisée aussi comme un détergent, un dentifrice ou bien un savon (Cauda et *al.*, 2013). Le Quinoa a déjà été expérimenté pour traiter le diabète, l'hépatite, la pression artérielle, le cholestérol, les troubles mentaux et le stress physique (FAO, 2014). Après l'industrialisation de l'agriculture chilienne par l'exportation du marché global (Martinez et *al.*, 2010), le quinoa est considéré comme l'un des cultures les plus rares qui sont restées sous la direction écologique et ont échappé aux pratiques modernes. Ce type des plante donne aussi l'espoir à plusieurs pays pour lutter contre la famine et la pauvreté (Martinez et *al.*, 2009).

Chapitre II : Matériel &Méthodes

I. Le matériel végétal et le protocole expérimental

Les graines de quinoa utilisées proviennent de l'Université de Santiago en Chili (Figure 3). Le travail a été mené à l'INRGREF en deux sites:

- Au Laboratoire: essai de germination.
- Sous abris: expérimentation dans des pots pour évaluer les effets des stress hydrique et salin.

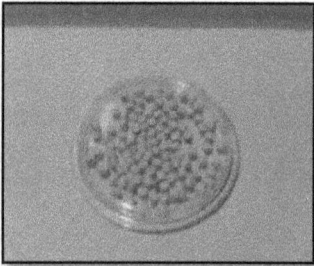

Figure 3. Graines de Quinoa (*Chenopodium quinoa Willd*).

I.1. Test de Germination

Les graines imbibées ont été lavées abondamment à l'eau distillée pendant 10 mn puis mises à germer dans des boites de Pétri sur deux couches de papier filtre à raison de 25 graines par boite et 5 répétitions par traitement (Figure 4). La germination a été réalisée dans un incubateur (une étuve) réglé à une température fixée à 25°C et à l'obscurité pendant 14 jours (Figure 5). L'arrosage des graines par les solutions salines s'est fait par les solutions suivantes (T0, T1, T2, T3 et T4) à une conductivité électrique respectivement de 0, 1,25, 10, 25 et 40 dS/m. Ces solutions ont été préparées en ajoutant du sel ordinaire à l'eau distillée. Le taux de germination est déterminé par un comptage journalier du nombre de graines germées.

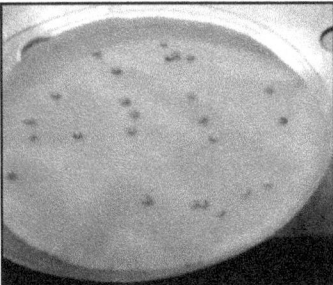

Figure 4. Imbibition des graines de quinoa dans des boites de Pétri pour chaque traitement.

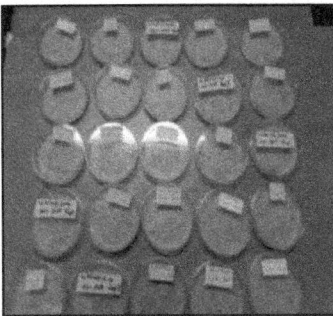

Figure 5. Test de germination du quinoa (*Chenopodium quinoa Willd*) dans l'incubateur.

I.2. Essais sous abris

Les essais ont été entrepris dans les conditions naturelles d'éclairage. Ils ont été réalisés dans des pots en plastique de 10 litres rempli par le sol du site INRAT. Ce sol possède un pH eau basique, une salinité faible (~0,71 dS/m) et des teneurs faibles en sels et en éléments nutritifs (Tableau 1).

Paramètres	Valeur moyenne
pH	8,52
CE (dS/m)	0,71
Cl^-	2,35
HCO_3^-	6,66
Ca^{2+}	2,5
Mg^{2+}	0,09
Na^+	7,01
K^+	1,28
SO_4^{2-}	0,92

Tableau 1. Caractéristiques physico-chimiques du sol (les ions sont en méq.l^{-1}).

Les graines ont été mises en culture le 11 Mars 2014 à raison de 11 graines par pot et cinq répétitions par traitement (Figure 6). L'irrigation a été conduite pendant environ deux semaines avec l'eau potable titrant 1,25 dS/m jusqu'au stade 3 feuilles. A partir de la troisième semaine, deux expérimentations ont été menées: expérimentation « Contrainte hydrique » et expérimentation « Contrainte saline ».

Figure 6. Préparation des pots pour la culture (A: séchage du sol, B: dispositif des pots, C: plantation des graines).

I.2.1. Expérimentation « Contrainte hydrique »

L'irrigation des plantes a été réalisée avec de l'eau potable en adoptant des fréquences différentes: traitement sans stress (H1): fréquence de 3 jours, traitement stress moyen

(H2): fréquence de 7 jours et traitement très stressant (H3): fréquence de 12 jours. Chaque traitement a été répété trois fois selon le dispositif de la figure 7.

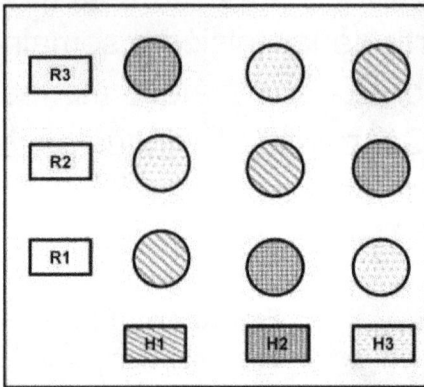

Figure 7. Dispositif expérimental en fonction du stress hydrique (**R**:Répétition; **H**:traitement).

I.2.2. Expérimentation « Contrainte saline »

L'irrigation des plantes a été conduite avec la même dose et la même fréquence (3jours) mais avec des qualités d'eau différentes (Figure 8):

- Eau potable (C0) : Elle possède un pH légèrement basique (7,70) et une conductivité électrique (CE) égale à 1,5 dS/m (15 mM). Cette eau contient du sodium (17,41 méq.l^{-1}), des chlorures (10,34 méq.l^{-1}), des sulfates (5,55 méq.l^{-1}) et des carbonates (1 méq.l^{-1}). Elle renferme du calcium (2,5 méq.l^{-1} méq.l^{-1}), du magnésium (0,17 méq.l^{-1}) et du potassium (1,16 méq.l^{-1}).

- Eau (C1): C'est l'eau potable enrichie par du sel de commerce composé essentiellement par NaCl avec une CE égale à 10 dS/m (100 mM).

- Eau (C2): C'est l'eau potable enrichie par du sel de commerce composé essentiellement par NaCl avec CE égale à 25 dS/m (250 mM).

- Eau (C3): C'est l'eau potable enrichie par du sel de commerce composé essentiellement par NaCl avec une CE égale à 40 dS/m (400 mM).

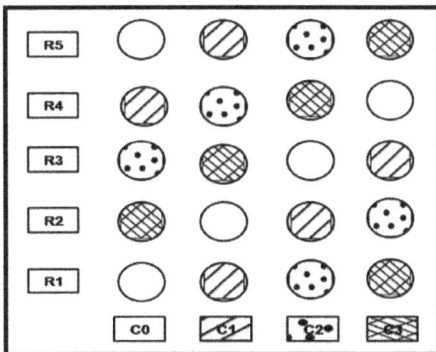

Figure 8. Dispositif expérimental de l'expérimentation stress salin (**R**: répétition; **C**: traitement).

Au cours de l'essai, l'eau de drainage a été recueillie dans des flacons. Pour avoir un lessivage des sels, la dose d'eau drainée a été estimée à environ 25 % de la dose d'irrigation.

II. Méthodes

II.1. Sur le sol

II.1.1. Salinité du sol

La salinité du sol a été déterminée avant l'installation de la culture et à la fin de son cycle par le prélèvement d'échantillons de sol au niveau de 5 profondeurs. Après séchage suivi du broyage et du tamisage, 10 g de terre ave 50 ml d'eau distillée ont été utilisés pour préparer un extrait aqueux (eau/sol) 1/5. Une corrélation hautement significative a permis de convertir la conductivité électrique obtenue par cette méthode ($CE_{(1/5)}$) en conductivité de l'extrait de la pâte saturée du sol (CEe) (Jammazi et Hachicha, 2000).

$CEe = 5,853 * CE_{(1/5)} - 0,262$; $n = 134$ et $r = 0,91$

avec $1,2 < CE < 8,3$ dS/m et $0,2 < CE_{(1/5)} < 1,4$ dS/m

II.1.2. Analyse chimiques

Les analyses chimiques suivantes ont été réalisées :

- **Le pH et la conductivité électrique:** Ces deux paramètres ont été déterminés directement à l'aide d'un pH-mètre et d'un conductimètre.

- **Dosage du sodium:** Après avoir obtenu le précipité, on met celui-ci dans 20 ml de sulfocyanure d'ammonium 0,1N. Puis, on le centrifuge et on le remet au bain-marie à 25°C durant 5 minutes. Les lectures sont effectuées par spectromètre à la longueur d'onde de 420 nm.

- **Dosage des chlorures:** Les chlorures ont été dosés en milieu neutre par une solution titrée de nitrate d'argent en présence de chromate de potassium. La fin du titrage est indiquée par l'apparition de la teinte rouge caractéristique du chromate d'argent.

- **Dosage du calcium:** Le calcium de l'eau à analyser est précipité sous forme d'oxalate en milieu acétique. Le précipité est, après lavage, minéralisé et pesé.

- Dosage du magnésium: Après élimination du calcium, le magnésium est précipité dans l'eau sous forme de phosphate ammoniaco-magnésien qui, après calcination, permet le dosage des ions Mg^{2+} sous forme de pyrophosphate $Mg_2P_2O_7$.

- Dosage du potassium: Après évaporation de 100 ml d'eau à analyser au bain marie, le résidu est porté à l'étuve à 180°C pendant 2 heures. Puis, on ajoute 5 à 10 ml d'eau distillée chaude acidifiée par l'acide chlorhydrique. Les lectures sont effectuées par spectromètre à la longueur d'onde de 590 nm.

II.2. Sur les plantes

II.2.1. Au cours de la germination

➢ **Taux de germination**

Le taux de germination est exprimé par le rapport du nombre de graines germées sur le nombre total de graines. Le pourcentage définitif de germination (G%) est déterminé comme suivant:

$$G\% = 100 * (T/N)$$

T : nombre total des graines germées.

N : nombre total des graines mises à germer (Doran et Gunn, 1986).

II.2.2. Au cours de la croissance dans les pots

➤ **Mesure de la hauteur des plantes:**

La hauteur des plantes a été mesurée à l'aide d'une règle graduée (Figure 9).

Figure 9. Mesure de la hauteur des plantes de quinoa.

➤ **Mesure du diamètre des plantes:**

Le diamètre des plantes a été déterminé à l'aide d'un pied à coulisse (Figure 10).

Figure 10. Mesure du diamètre des plantes par un pied à coulisse.

➤ **Mesure de la surface foliaire des plantes:**

La surface foliaire a été déterminée à l'aide d'un planimètrede type Delta–T Devices LTd. Elle est exprimée en cm^2 (Figure 11).

Figure 11. Un planimètre de type Delta–T Devices LTd.

➢ Nombre d'épis des plantes:

Le nombre d'épi a été déterminé par un simple comptage (Figure 12).

Figure 12. Les épis de quinoa.

➢ Extraction et dosage de la chlorophylle

Les teneurs en chlorophylle a, b et totale (mg/g MF) ont été déterminées selon la méthode légèrement modifiée de la méthode de Torrecillas et *al.* (1984). Des feuilles d'environ 200 mg de poids frais sont pesées et mises dans 5 ml d'acétone concentrée (80 %). Après un séjour de 72 heures à l'obscurité à une température de 4°C, la densité optique de l'extrait est mesurée à 665 nm et à 649 nm. Les teneurs en chlorophylle a, b et totale sont ensuite calculées selon les équations suivantes:

➢ Chlorophylle a (mg/ g MF) = 11,63 * (DO 665) − 2,39 * (DO 649)

➢ Chlorophylle b (mg/g MF) = 20,11 * (DO 649) − 5,18 * (DO 665)

➢ Chlorophylle totale (mg/g MF) = 6,45 * (DO 665) + 17,72 * (DO 649)

Figure 13. Dosage de la Chlorophylle.

➢ **Analyses minérale :**

Les organes (racines, feuilles, tiges et fruits) ont été broyés puis placés dans des piluliers contenant 50 ml de HNO_3. L'extraction des ions a lieu à la température ambiante du laboratoire pendant au moins 48 h. Sur l'extrait a eu lieu le dosage des éléments suivants:

- **Dosage du phosphore:** Le phosphore total a été dosé sur le produit d'extraction par colorimétrie au vanado-molybdate.

- **Dosage du potassium et du sodium:** Les cations K^+ et Na^+ ont été dosés par photométrie de flamme en émission. La mesure des concentrations se fait après étalonnage de l'appareil par des solutions étalons de Na^+ et K^+. La gamme des solutions est variable selon l'élément à doser.

II.3. Etude statistique

Le traitement statistique a été effectué par le logiciel SPSS, version 20. L'ensemble des mesures a fait l'objet d'une analyse de la variance par modèle linéaire générale univarié. La comparaison des moyennes a été réalisée selon le test de Duncan au seuil de probabilité 0,05.

Chapitre III : Résultats &Discussion

I. Effet de la contrainte hydrique sur la culture de quinoa (*Chenopodium quinoa Willd*)

I.1. Observations morphologiques

Selon la fréquence d'irrigation, on observe des modifications morphologiques des plantes de quinoa. En effet, au cours de l'application du stress, la coloration des feuilles varie du vert au vert foncé chez toutes les plantes selon le niveau du stress (Figures 14).

Figure 14: Variation de la couleur des feuilles en cas de stress hydrique (H1: le vert; H2: le jaune et H3: le bleu).

I.2. Effet sur la croissance

I.2.1. La surface foliaire

Comparée au témoin, la diminution des apports en eau réduit la surface foliaire chez les plantes de quinoa, cette réduction est non significative (Figure 15).

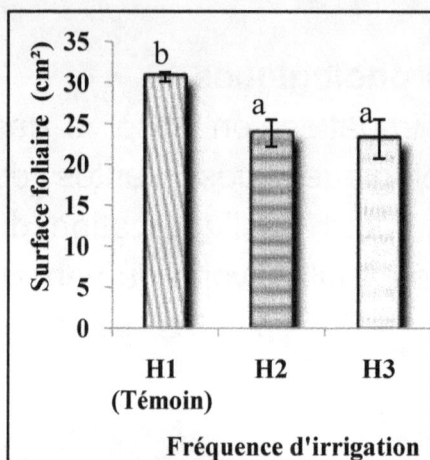

Figure 15. Variation de la surface foliaire du quinoa en fonction de la fréquence d'irrigation. (H1: 3 jours; H2: 7 jours; H3: 12 jours). La lettre « a » indique une différence non significative entre les moyennes à $\alpha = 0,05$ selon le test PPDS.

I.2.2. La production en matière fraiche

Les résultats sont consignés dans les figures 16a, 16b et 16c. La diminution des apports en eau a un effet significatif sur la matière fraiche des différents organes (feuilles, tiges et racines). Comparée au témoin (H1), la diminution est de l'ordre de 59,67 % pour les feuilles, 74,19 % pour les racines et 80,83 % pour les tiges dans le cas de fréquence d'irrigation H3 (12 jours).

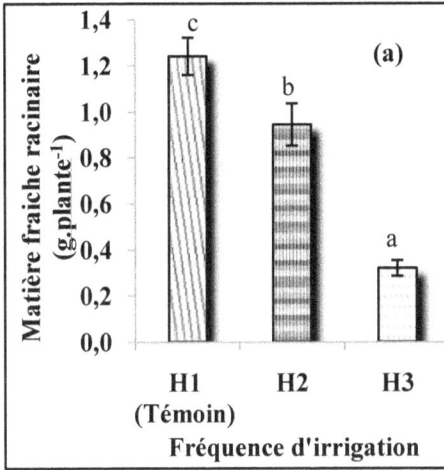

Figure 16a. Variation de la matière fraiche des racines du quinoa en fonction de la fréquence d'irrigation. (H1: 3 jours; H2: 7 jours; H3: 12 jours). La lettre « a » indique une différence non significative entre les moyennes à α = 0,05 selon le test PPDS.

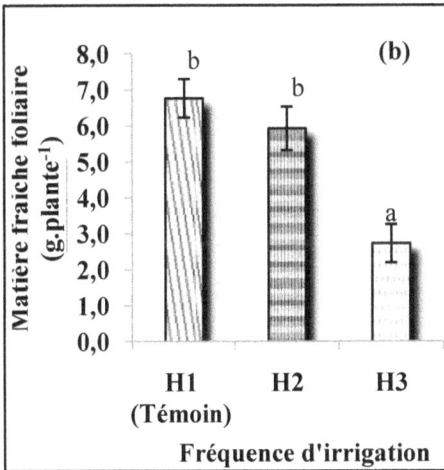

Figure 16b. Variation de la matière fraiche des feuilles du quinoa en fonction de la fréquence d'irrigation. (H1: 3 jours; H2: 7 jours; H3: 12 jours). La lettre « a » indique une différence non significative entre les moyennes à α = 0,05 selon le test PPDS.

71

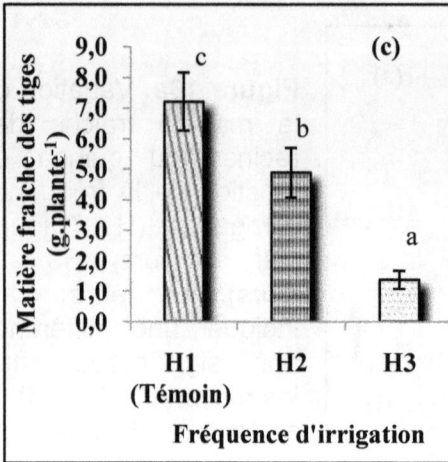

Figure 16c. Variation de la matière fraiche des tiges du quinoa en fonction de la fréquence d'irrigation. (H1: 3 jours; H2: 7 jours; H3: 12 jours). La lettre « a » indique une différence non significative entre les moyennes à α = 0,05 selon le test PPDS.

I.2.3. La production en matière sèche

La fréquence des irrigations a un effet significatif sur la production en matière sèche des racines et des tiges des plantes de quinoa. On note une diminution hautement significative au niveau des racines, des tiges et également au niveau des feuilles (Figure 17).

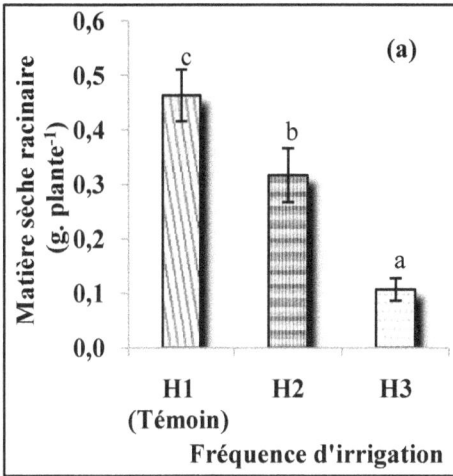

Figure 17a. Variation de la matière sèche des racines du quinoa en fonction de la fréquence d'irrigation. (H1: 3 jours; H2: 7 jours; H3: 12 jours). La lettre « a » indique une différence non significative entre les moyennes à α = 0,05 selon le test PPDS.

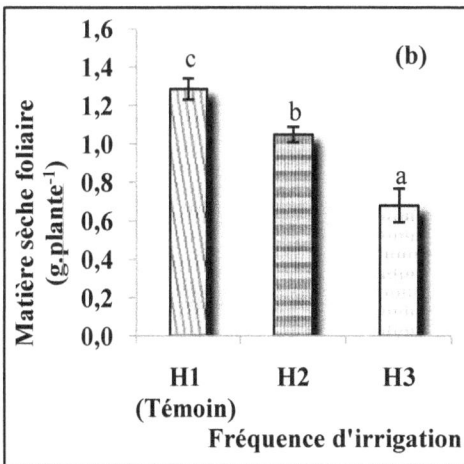

Figure 17b. Variation de la matière sèche des feuilles du quinoa en fonction de la fréquence d'irrigation. (H1: 3 jours; H2: 7 jours; H3: 12 jours). La lettre « a » indique une différence non significative entre les moyennes à α = 0,05 selon le test PPDS.

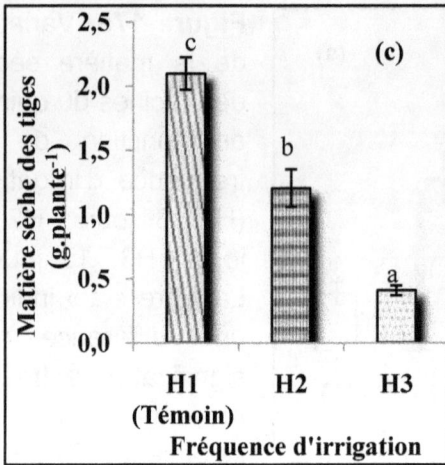

Figure 17c. Variation de la matière sèche des tiges du quinoa en fonction de la fréquence d'irrigation. (H1: 3 jours; H2: 7 jours; H3: 12 jours). La lettre « a » indique une différence non significative entre les moyennes à α = 0,05 selon le test PPDS.

I.2.4. Le diamètre

La variation inter traitements du diamètre des tiges du quinoa est non significative (Figure 18).

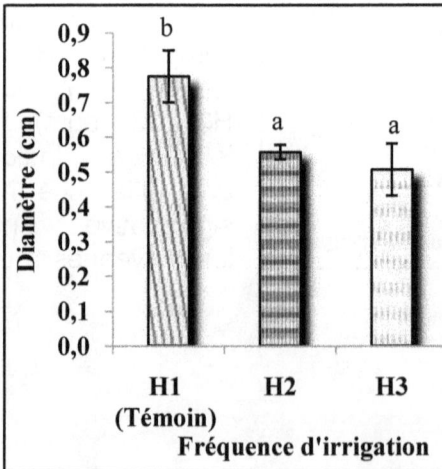

Figure 18. Variation du diamètre des tiges des plantes de quinoa en fonction de la fréquence d'irrigation. (H1: 3 jours; H2: 7 jours; H3: 12 jours). La lettre « a » indique une différence non significative entre les moyennes à α = 0,05 selon le test PPDS.

I.2.5. La hauteur

Concernant la hauteur des plantes (Figure 19), la diminution entre les traitements est hautement significative.

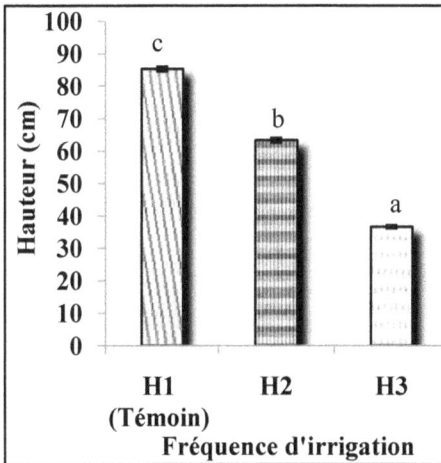

Figure 19. Variation de la hauteur des plantes de quinoa en fonction de la fréquence d'irrigation. (H1: 3 jours; H2: 7 jours; H3: 12 jours). La lettre « a » indique une différence non significative entre les moyennes à α = 0,05 selon le test PPDS.

I.2.6. Le nombre d'épi

La diminution du nombre des épis des plantes de quinoa en fonction de la fréquence d'irrigation est significative.

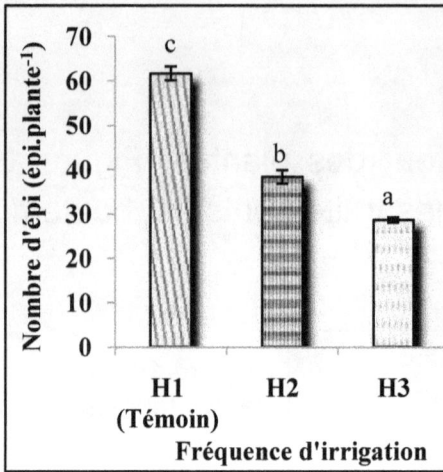

Figure 20. Variation du nombre d'épis des plantes de quinoa en fonction de la fréquence d'irrigation. (H1: 3 jours; H2: 7 jours; H3: 12 jours). La lettre « a » indique une différence non significative entre les moyennes à α = 0,05 selon le test PPDS.

I.2.7. La teneur en chlorophylle

Les teneurs en chlorophylle (Chl a, Chl b et Chl totale) du quinoa sont consignées dans la figure 21. La fréquence d'irrigation a un effet significatif sur les teneurs en Chla, Chl b et Chl totale des feuilles des plantes de quinoa.

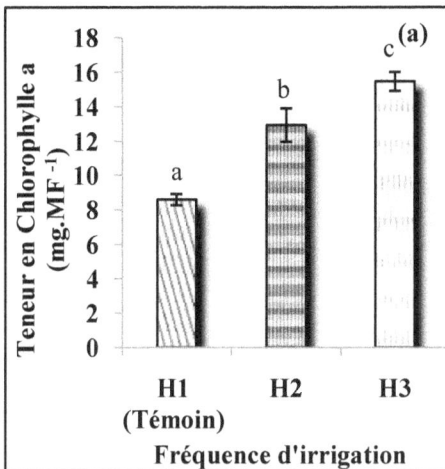

Figure 21a. Variation de la teneur en chlorophylle a des plantes de quinoa en fonction de la fréquence d'irrigation. (H1: 3 jours; H2: 7 jours; H3: 12 jours). La lettre « a » indique une différence non significative entre les moyennes à α = 0,05 selon le test PPDS.

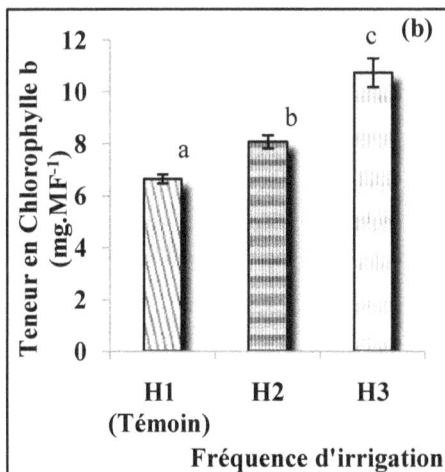

Figure 21b. Variation de la teneur en chlorophylle b des plantes de quinoa en fonction de la fréquence d'irrigation. (H1: 3 jours; H2: 7 jours; H3: 12 jours). La lettre « a » indique une différence non significative entre les moyennes à α = 0,05 selon le test PPDS.

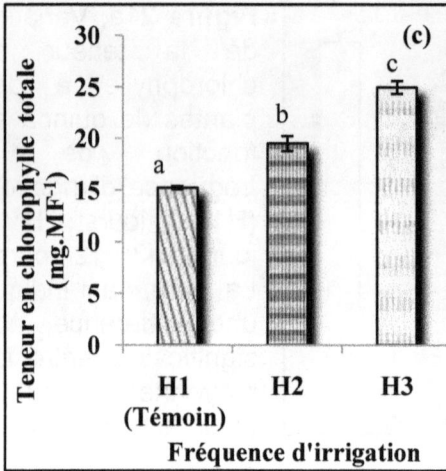

Figure 21c. Variation de la teneur en chlorophylle a, b et totale des plantes de quinoa en fonction de la fréquence d'irrigation. (H1: 3 jours; H2: 7 jours; H3: 12 jours). La lettre « a » indique une différence non significative entre les moyennes à α = 0,05 selon le test PPDS.

I.3. Effet sur la nutrition minérale

I.3.1. Teneurs en sodium

La fréquence d'irrigation a un effet significatif sur la teneur en Na^+ pour tous les organes des plantes de quinoa (Figure 22). On note une augmentation significative de la teneur en Na^+ dans le cas des traitements H2 et H3 en comparaison avec le témoin H1. Cette augmentation est plus significative dans les racines avec le traitement H3.

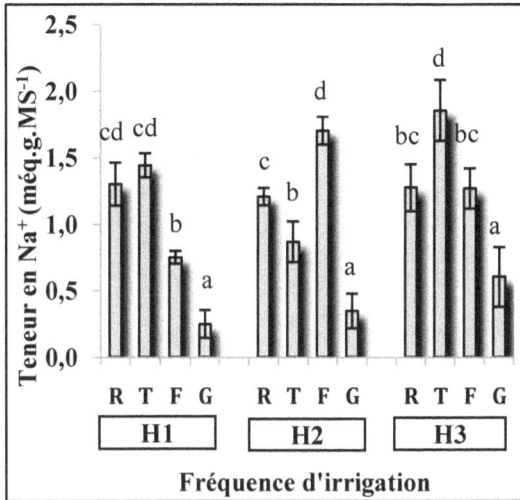

Figure 22. Variation de la teneur en sodium dans les racines (R), les tiges (T), les feuilles (F) et les graines (G) en fonction de la fréquence d'irrigation. (H1: 3 jours; H2: 7 jours; H3: 12 jours). Les lettres différentes indiquent des différences significatives entre les moyennes à α = 0,05 selon le test de la PPDS.

I.3.2. Teneurs en potassium

Concernant la teneur en potassium, on observe un effet significatif de la fréquence d'irrigation sur la teneur en K^+ des organes des plantes de quinoa (Figure 23). On note une augmentation significative de la teneur en K^+ dans les tiges dans le cas de H2, dans les graines avec H2 et H3 et dans les feuilles avec H3. Par contre, l'effet de la fréquence d'irrigation n'est pas significatif pour les racines avec les trois traitements (H1, H2 et H3).

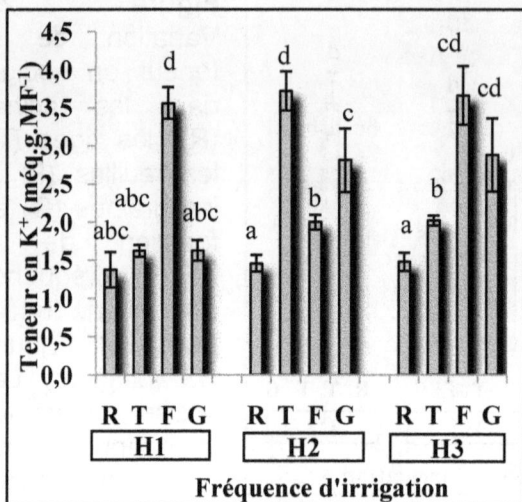

Figure 23. Variation de la teneur en potassium dans les racines (R), les tiges (T), les feuilles (F) et les graines (G) en fonction de la fréquence d'irrigation. (H1: 3 jours; H2: 7 jours; H3: 12 jours). Les lettres différentes indiquent des différences significatives entre les moyennes à $\alpha = 0,05$ selon le test de la PPDS.

I.3.3. Teneurs phosphore

La figure 24 montre une variation de la teneur en P en fonction de la fréquence d'irrigation pour les organes des plantes de quinoa. Quelque soit la fréquence d'irrigation appliquée, la teneur en P n'est pas significative différente au niveau des racines. Par contre, on note une augmentation significative de la teneur en P au niveau des tiges dans le cas de H2 et pour les graines dans le cas de H3.

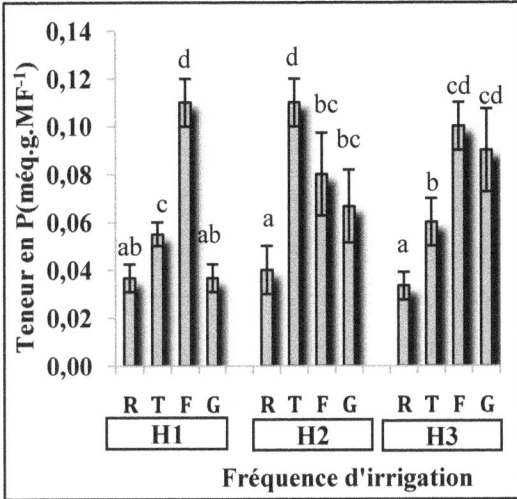

Figure 24. Variation de la teneur en phosphore dans les racines (R), les tiges (T), les feuilles (F) et les graines (G) en fonction de la fréquence d'irrigation. (H1: 3 jours; H2: 7 jours; H3: 12 jours). Les lettres différentes indiquent des différences significatives entre les moyennes à α = 0,05 selon le test de la PPDS.

II. Effet de la contrainte saline sur la culture de quinoa (*Chenopodium quinoa Willd*)

II.1.Effet de la salinité sur la germination

La germination des graines de quinoa est immédiate dès le premier jour (Figure 25) quelque soit la salinité de la solution. La germination est totale pour les solutions 0 dS/m, 1,25 dS/m et même 10 dS/m dès le deuxième jour. Leur cinétique de germination est assez similaire et même identique avec 0 et 1,25 dS/m. La germination est affectée quand la solution titre 25 dS/m et ne démarre qu'au 3 jours quand la solution est très saline (40 dS/m). L'analyse statistique du taux de germination (Figure 26) ne fait pas apparaître de différence significative qu'entre les solutions inférieures ou égales à 25 dS/m et celle égale à 40 dS/m. Ainsi, le taux de germination de 100 % chute à 12 %.

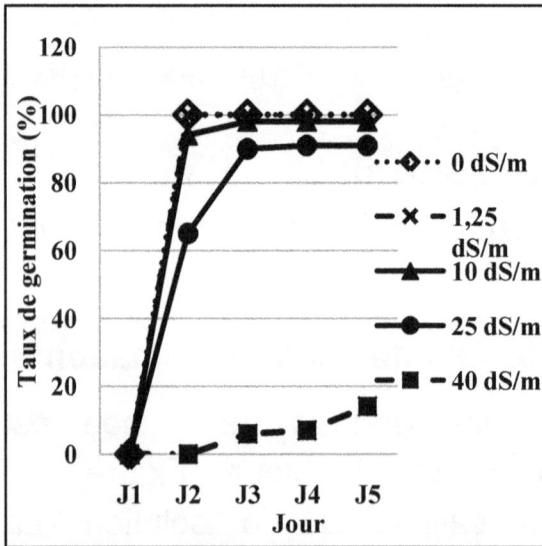

Figure 25. Cinétique de germination des graines de quinoa (Chenopodium quinoa Willd).

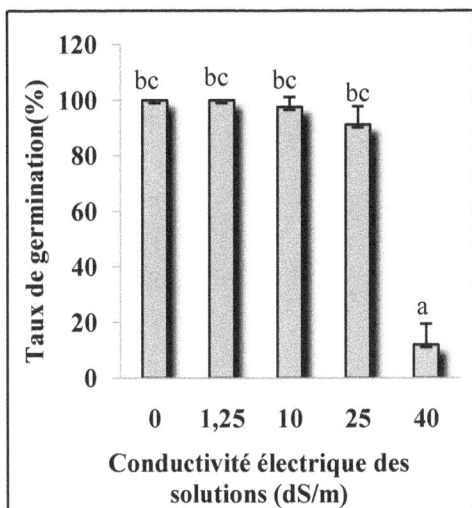

Figure 26. Variation du taux de germination des graines de quinoa (*Chenopodium quinoa Willd*) en fonction de la conductivité électrique des solutions. La lettre « a » indique une différence non significative entre les moyennes à α = 0,05 selon le test PPDS.

II.2.Effet sur la croissance

II.2.1. Evolution de la salinité du sol

A la fin du cycle d'irrigation conduite avec 3 qualités d'eau et l'eau potable comme témoin et en suivant le volume et la qualité de l'eau drainée par chaque pot pour avoir une fraction de lessivage d'environ 25 % de la dose apportée, la salinité initiale des sols d'environ 0,70 dS/m a augmentée pour atteindre des valeurs reflétant la salinité des eaux d'irrigation. Cette salinité peu variable entre les pots (Tableau 2) se situe vers 3,25 dS/m dans le cas de l'irrigation à l'eau potable et s'élève à environ

39,8 dS/m dans le cas de l'irrigation avec l'eau très chargée en sels. Ceci traduit les conditions extrêmement salines des plantes de quinoa.

Qualité d'eau (dS/m)	CE du sol	Ecart type
1,25	3,25	0,17
10	11,3	0,67
25	29,15	1,57
40	39,8	1,42

Tableau2. Analyse statistique sommaire de la salinité du sol (5 répétitions).

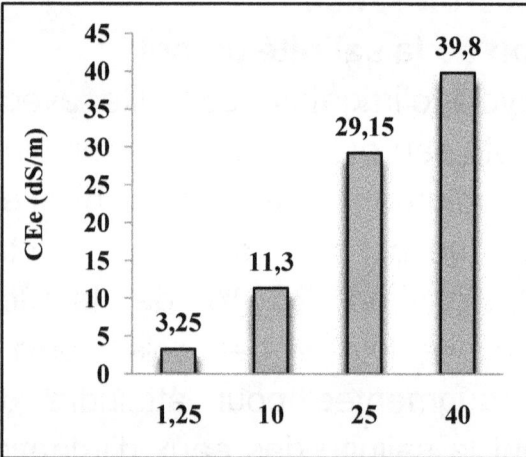

Figure 27. Variation de la salinité finale du sol selon la qualité de l'eau d'irrigation.

II.2.2. Observations morphologiques

A la fin du cycle cultural (5 mois), des modifications morphologiques concernant

84

l'aspect externe des plantes se sont manifestées selon la salinité de l'eau d'irrigation. Ainsi, la couleur des feuilles est passée du vert foncé au vert jaunâtre (Figure 28).

Figure 28: Variation de la couleur des feuilles selon le stress Salin – Vue de loin (couleur des pots : le blanc:1,25 dS/m (témoin); le jaune: 10 dS/m; le vert: 25 dS/m et le bleu: 40 dS/m).

II.2.3. La surface foliaire

Un effet hautement significatif de la salinité sur l'augmentation de la surface foliaire des plantes de quinoa par rapport au témoin (1.25 dS /m) est observable (Figure 29).

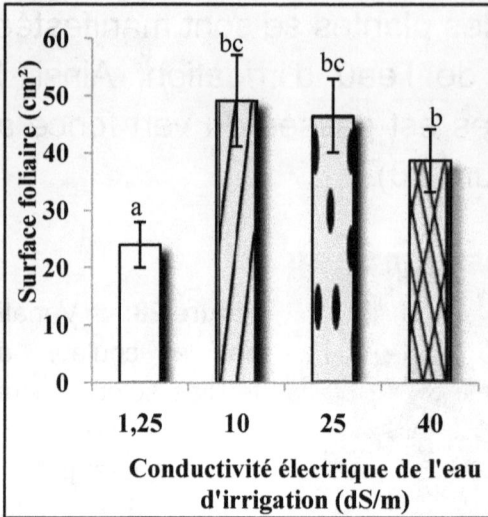

Figure 29. Variation de la surface foliaire des plantes de quinoa en fonction de la salinité des eaux d'irrigation (*Chenopodium quinoa Willd*). Les lettres différentes indiquent des différences significatives entre les moyennes à α = 0,05 selon le test de la PPDS.

II.2.4. La production en matière fraiche

La salinité des eaux d'irrigation a un effet significatif sur la production en matière fraiche des organes des plantes de quinoa (feuilles, tiges et racines). Au niveau des racines et des tiges, l'augmentation de la salinité des eaux d'irrigation induit une baisse significative de la matière fraiche. Cette baisse est hautement significative aux fortes concentrations en sel (25 et 40 dS/m) à l'exception de 10 dS/m. Par contre, on note une augmentation de la matière fraiche au niveau des feuilles par rapport au témoin.

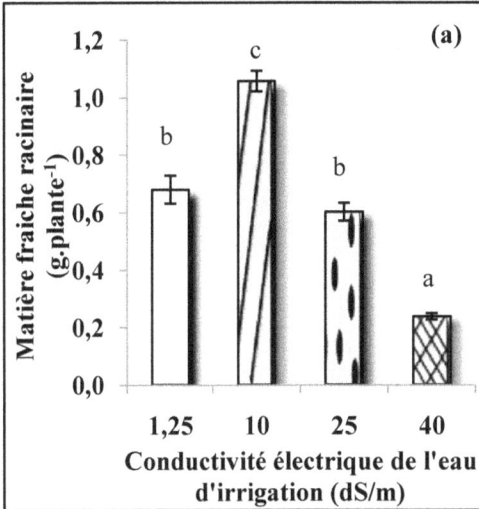

Figure 30a. Variation de la production en matière fraiche en fonction de la salinité des racines (a) des plantes de quinoa (*Chenopodium quinoa Willd*). Les lettres différentes indiquent des différences significatives entre les moyennes à α = 0,05 selon le test de la PPDS.

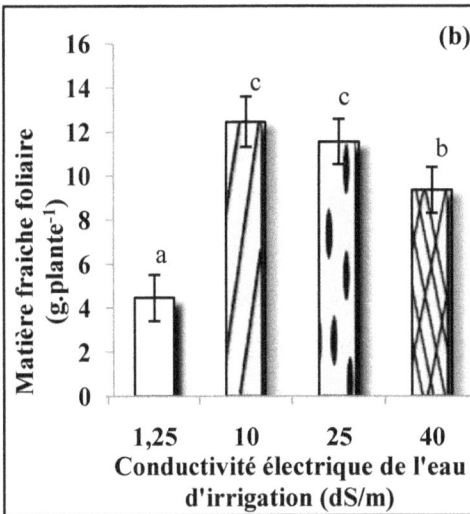

Figure 30b. Variation de la production en matière fraiche en fonction de la salinité des feuilles (b) des plantes de quinoa (*Chenopodium quinoa Willd*). Les lettres différentes indiquent des différences

significatives entre les moyennes à α = 0,05 selon le test de la PPDS.

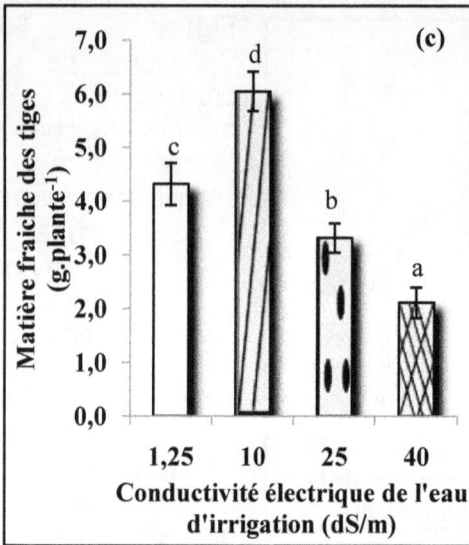

Figure 30c. Variation de la production en matière fraiche en fonction de la salinité des tiges (c) des plantes de quinoa (*Chenopodium quinoa Willd*). Les lettres différentes indiquent des différences significatives entre les moyennes à α = 0,05 selon le test de la PPDS.

II.2.5. La production en matière sèche

La salinité des eaux d'irrigation a un effet significatif sur la matière sèche de tous les organes des plantes de quinoa (feuilles, tiges et racines), (Figure 28). La baisse est plus significative à la forte concentration en sel (40 dS/m) chez les tiges plus que chez les racines. En comparaison au témoin, on observe une augmentation significative de la matière sèche des feuilles aux fortes concentrations en sel (10, 25 et 40 dS/m).

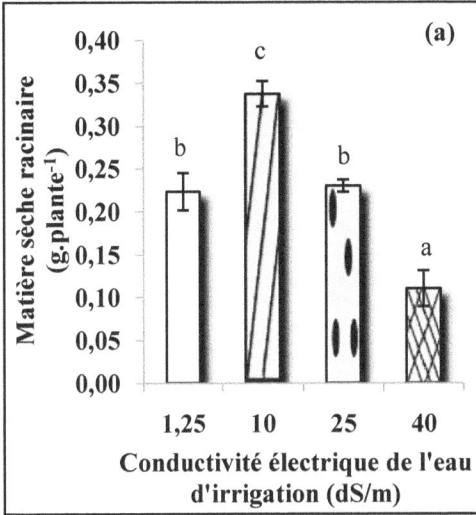

Figure 31a. Variation de la production en matière sèche en fonction de la salinité des racines des plantes de quinoa (*Chenopodium quinoa Willd*). Les lettres différentes indiquent des différences significatives entre les moyennes à α = 0,05 selon le test de la PPDS.

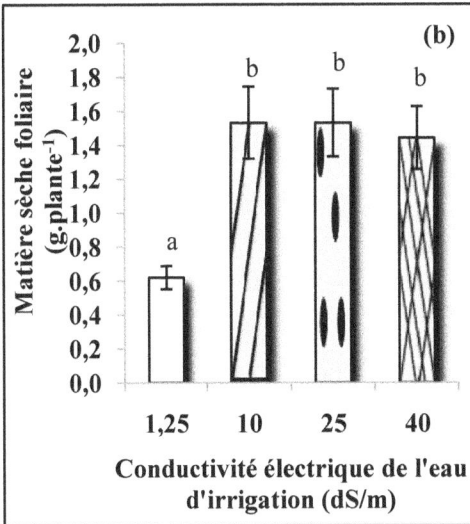

Figure 31b. Variation de la production en matière sèche en fonction de la salinité des feuilles des plantes de quinoa (*Chenopodium quinoa Willd*). Les lettres différentes indiquent des différences significatives entre les moyennes à α = 0,05 selon le test de la PPDS.

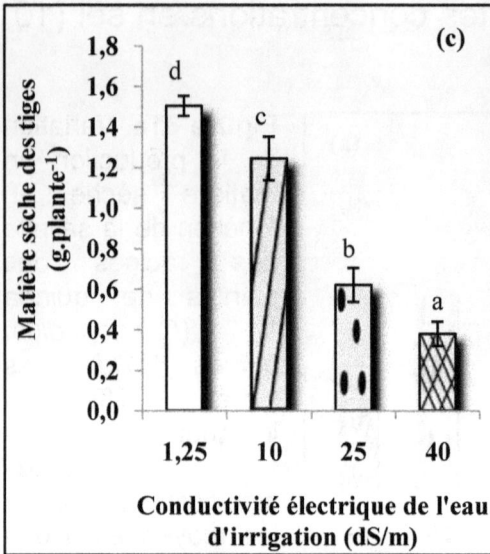

Figure 31c. Variation de la production en matière sèche en fonction de la salinité des tiges des plantes de quinoa (*Chenopodium quinoa Willd*). Les lettres différentes indiquent des différences significatives entre les moyennes à $\alpha = 0{,}05$ selon le test de la PPDS.

II.2.6. Le diamètre

Concernant l'accroissement en diamètre, la salinité n'a aucun effet significatif sur ce paramètre à 10 dS/m. A 25 et à 40 dS/m, on observe une diminution significative en comparaison au témoin (Figure 32).

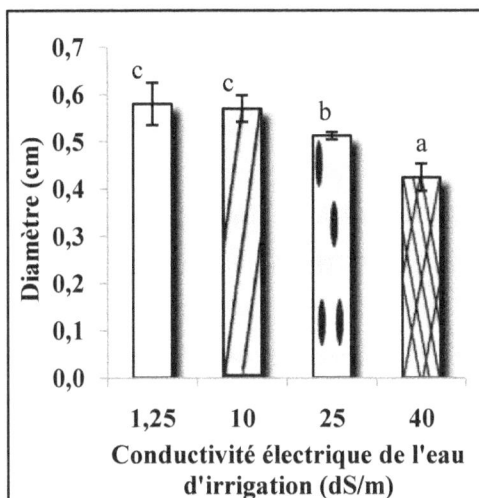

Figure 32. Variation du diamètre en fonction de la salinité des plantes de quinoa (*Chenopodium quinoa Willd*). Les lettres différentes indiquent des différences significatives entre les moyennes à α = 0,05 selon le test de la PPDS.

II.2.7. La hauteur

La salinité a un effet significatif sur la longueur des tiges surtout au-delà de 10 dS/m (Figures 33).

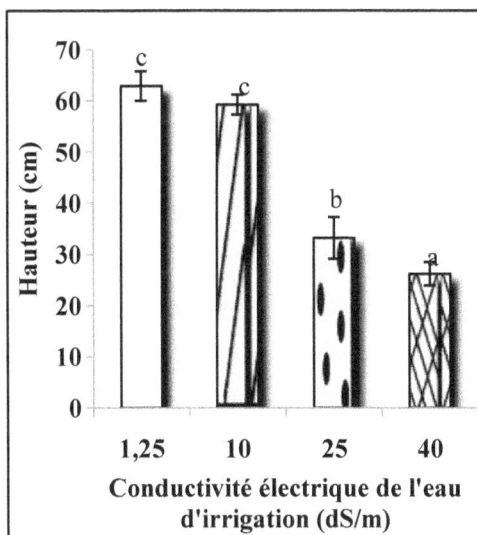

Figure 33. Variation de la longueur des tiges en fonction de la salinité des plantes de quinoa (*Chenopodium quinoa Willd*). Les lettres différentes

indiquent des différences significatives entre les moyennes à α = 0,05 selon le test de la PPDS.

II.2.8. Le nombre d'épis

Les résultats obtenus montrent une augmentation significative du nombre des épis par plantes parrallèlement à une augmentation de la salinité des eaux d'irrigation. Cet effet est non significatif avec 10 et 25 dS/m. Avec 40 dS/m, on observe une baisse très significative (Figure 34).

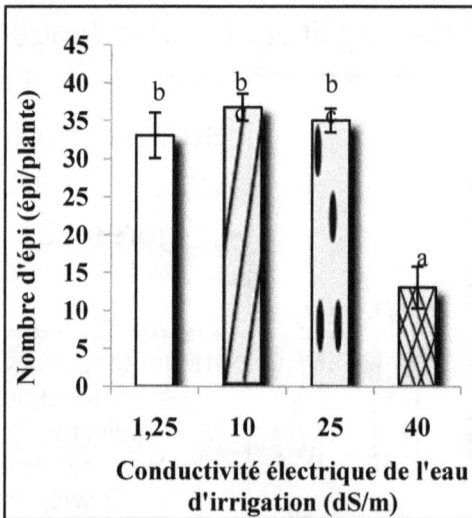

Figure 34. Variation du nombre d'épis en fonction de la salinité des plantes de quinoa (*Chenopodium quinoa Willd*). Les lettres différentes indiquent des différences significatives entre les moyennes à α = 0,05 selon le test de la PPDS.

II.2.9. La teneur en chlorophylle

Les teneurs en chlorophylle Chl a, Chl b et Chl totale des plantes de quinoa sont affectées par la salinité des eaux d'irrigation. Avec une eau titrant 10 dS/m, on a une diminution significative et inexplicable des teneurs en Chl a, Chl b et Chl totale en comparaison aux autres qualités d'eau qui n'ont aucun effet significatif (Figure 36, 36b et 36c).

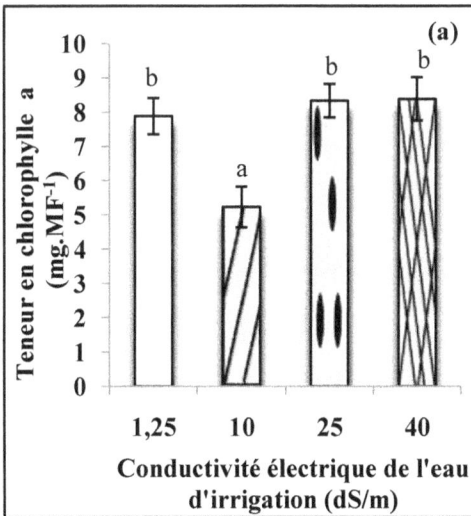

Figure 35a. Variation des teneurs en chlorophylle a des plantes de quinoa (*Chenopodium quinoa Willd*) en fonction de la salinité. Les lettres différentes indiquent des différences significatives entre les moyennes à $\alpha = 0{,}05$ selon le test de la PPDS.

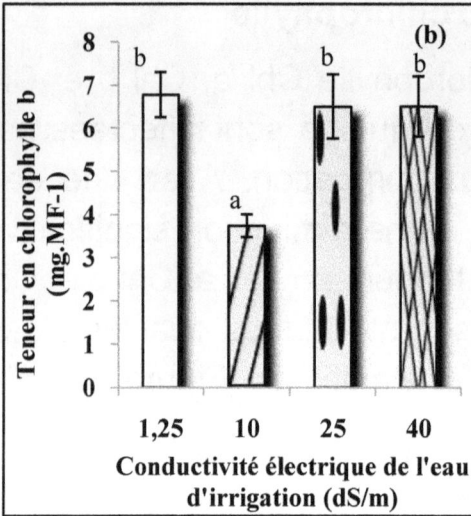

Figure 35b. Variation des teneurs en chlorophylle b des plantes de quinoa (*Chenopodium quinoa Willd*) en fonction de la salinité. Les lettres différentes indiquent des différences significatives entre les moyennes à α = 0,05 selon le test de la PPDS.

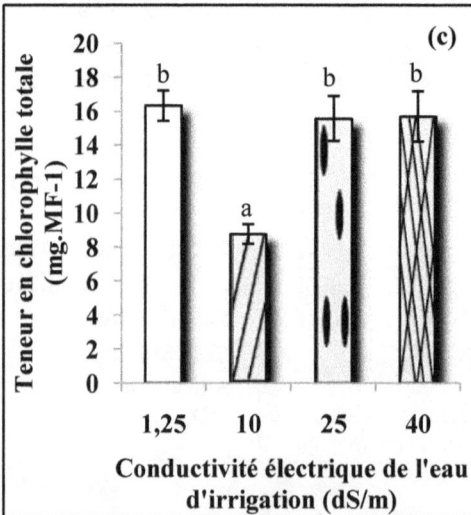

Figure 35c. Variation des teneurs en chlorophylle totale des plantes de quinoa (*Chenopodium quinoa Willd*) en fonction de la salinité. Les lettres différentes indiquent des différences significatives entre les moyennes à α = 0,05 selon le test de la PPDS.

II.2.10. Effet sur la nutrition minérale

II.2.10. 1.Teneurs en sodium

On observe une grande variation de la teneur en Na^+ en fonction de la salinité des eaux et des organes des plantes de quinoa. Avec des eaux chargées en sels (10, 25 et 40 dS/m), la teneur en Na^+ augmente significativement dans les feuilles, les tiges et les racines. Par contre, l'effet de la salinité n'est significatif qu'avec 40 dS/m pour les graines en comparaison au témoin (Figure 36).

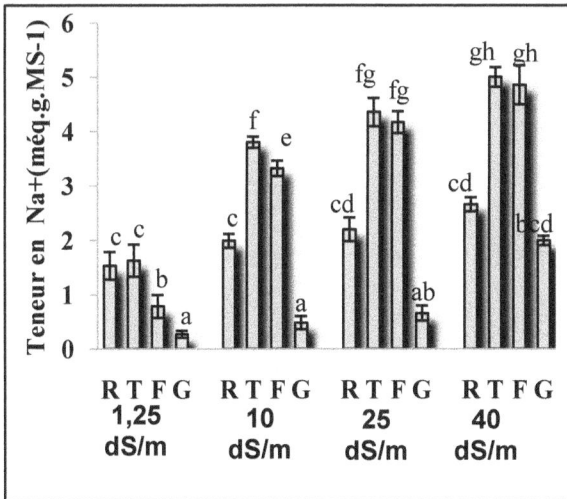

Figure 36. Variation de la teneur en sodium dans les racines (R), les tiges (T), les feuilles (F) et les graines (G) des plantes de quinoa (Chenopodium quinoa Willd) en fonction de la salinité. Les lettres

différentes indiquent des différences significatives entre les moyennes à α = 0,05 selon le test de la PPDS.

II.2.10.2. Teneurs en potassium

Concernant la teneur en potassium (K$^+$), la salinité des eaux d'irrigation a un effet significatif sur la teneur en K$^+$ dans tous les organes des plantes de quinoa (feuilles, tiges, racines et graines) (Figure 37).

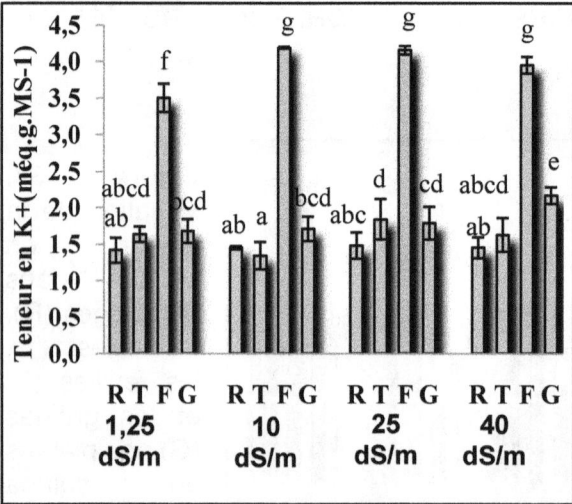

Figure 37. Variation de la teneur en potassium dans les racines (R), les tiges (T), les feuilles (F) et les graines (G) des plantes de quinoa (*Chenopodium quinoa Willd*) en fonction de la salinité. Les lettres différentes indiquent des différences significatives entre les moyennes à α = 0,05 selon le test de la PPDS.

II.2.10. 3. Teneurs phosphore

Pour les teneurs en phosphore (P), la figure 38 montre une variation significative de la teneur en P en fonction des organes et de la salinité des eaux d'irrigation. L'effet de la salinité n'est pas significatif au niveau des feuilles avec une eau titrant 10 dS/m et au niveau des racines avec 25 et 40 dS/m. Pour les tiges, une augmentation significative est observée avec 25 dS/m. Pour les graines, la salinité des eaux d'irrigation affecte significativement la teneur en P aux salinités élevées.

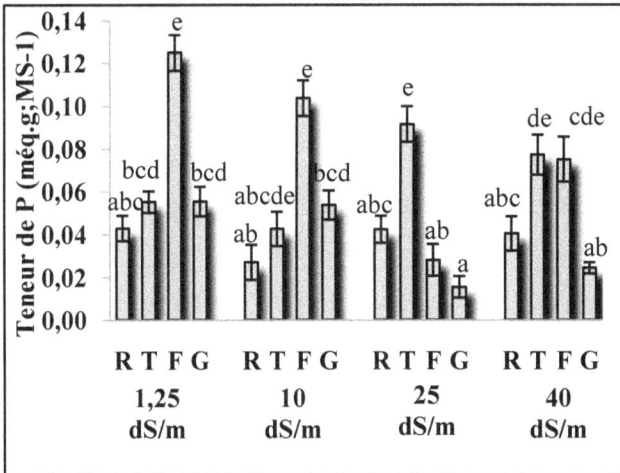

Figure 38. Variation de la teneur en phosphore dans les racines (R), les tiges (T), les feuilles (F) et les graines (G) des plantes de quinoa (*Chenopodium quinoa*

Willd) en fonction de la salinité. Les lettres différentes indiquent des différences significatives entre les moyennes à α = 0,05 selon le test de la PPDS.

III. Discussion

Les plantes réagissent au stress environnemental par un ensemble de modifications morphologiques, anatomiques, physiologiques et biochimiques, ce qui permet le maintien de la croissance, du développement et de la production.

Outre son rôle important dans le transport, la photosynthèse et l'accumulation des éléments nutritifs et la régulation thermique, l'eau joue un rôle très important dans la croissance et le développement des plantes (Riou, 1993). Une fois un déficit hydrique est installé, il entraine une altération des différents processus en modifiant ainsi la croissance des organes végétatifs et reproducteurs, le développement et le rendement final de la culture. Nos résultats montrent une réduction de la surface foliaire du quinoa en fonction de l'augmentation du stress hydrique mais cette diminution reste très faible par rapport à la diminution de la surface foliaire des céréales. Selon (Ludlow, 1989) cette réduction contribue à diminuer les pertes en eau transpirée. La diminution de la surface foliaire a été observée chez la pomme de terre causant une forte diminution du rendement (Heuer et Nadler, 1998) ce qui n'est pas le cas pour notre plante. Pour répondre à un manque d'eau dans la zone racinaire, les plantes réagissent par un abaissement du potentiel hydrique des feuilles permettant l'absorption de l'eau; c'est le phénomène d'ajustement osmotique (Kasraoui et *al.*, 2006). Cette réduction de la surface foliaire peut être expliquée par la stratégie adoptée par le quinoa pour réaliser l'ajustement osmotique. Concernant les matières fraiche et sèche du quinoa, on observe une réduction significative de la production de la biomasse. D'après Graciela (1990), Un déficit hydrique se traduit par une réduction de la production pouvant modifier le nombre potentiel des composantes par son effet dépressif sur la vitesse de formation des organes ou sur la durée de différenciation. Nos résultats montrent que la partie aérienne reste toujours plus développer que la partie racinaire. Au niveau du diamètre des tiges, sa variation n'a pas subi une importante modification en fonction de la fréquence des irrigations. Par contre, l'augmentation du stress entraine un effet dépressif sur la croissance des plantes en hauteur tel que la longueur moyenne des tiges qui passe de 85,25 cm pour les plantes témoins à 36,5 cm pour les plantes en conditions de stress sévère, soit une diminution d'environ 42,81 %, ce qui se répercute négativement sur le nombre d'épis par plante. Une limitation de l'absorbation de l'eau entraine un avortement des embryons réduisant généralement le nombre de graines. Cet avortement est du principalement à la diminution des glucides (Boyer and Westgate, 2004) à cause de la réduction de l'activité de l'invertase pendant la diminution de l'activité photosynthétique (Zinselmeier et *al.*, 1999). Concernant les racines, Fraser et *al.*, (1990) ont observé chez le maïs une réduction de la partie racinaire qu'ils ont attribué à un arrêt de la division et de l'élongation cellulaire au niveau des racines conduisant à une sorte de tubérisation qui consiste à une lignification du système racinaire permettent à la plante une « entrée en vie » ralentie en attendant que les conditions redeviennent favorables. Chez la majorité des espèces le stress hydrique affecte négativement la teneur en pigments chlorophylliennes (Rong-hua et al., 2006) alors qu'elle est augmentée en conditions de stress sévères dans notre cas. Cette augmentation est due essentiellement à l'augmentation de l'accumulation de la chlorophylle a ceci peut être due à l'évitement de la perturbation au niveau des réactions photochimiques de la photosynthèse et du blocage du transfert d'électrons entre LHCII et PSII (Braham et Lemeur, 1994) oubien grâce à l'importance du nombre de photosystème (Havaux et Tardy, 1999). D'après Jacobsen et al., (2009), sous des conditions de sècheresse sévère, le quinoa est sensible à la fermeture des stomates ce qui lui permet de maintenir un potentiel hydrique et photosynthétique au niveau foliaire. La signalisation de l'ouverture et la fermeture des stomates au niveau foliaire en cas de manque d'eau, semble se faire par la signalisation de l'acide abscissique au niveau des racines. Selon Razzaghi et *al.* (2011), une réduction du potentiel foliaire induit par la sécheresse du sol réduit la transpiration et augmente la résistance des racines à absorber l'eau surtout dans des conditions sévères. Chez les plantes, la fermeture des stomates entraine une réduction de l'assimilation du CO_2 engendrant une augmentation de la réduction photosynthétique de l'oxygène par la photorespiration en augmentant ainsi la consommation de l'excès d'excitation énergétique de l'appareil photosynthétique (Cornic et *al.*, 1991). Sous un stress hydrique sévère, le transport des électrons du dioxygène et la diminution du quenching photochimique sont incapables de dissiper l'excès de l'énergie d'excitation par conséquence, des photo-détériorations au niveau du PSII sont engendrés (Nogués et Baker, 2000). C'est le cas chez certaines variétés du sorgho (Jagtap et *al.*, 1998) alors que l'augmentation de la chlorophylle chez le quinoa peut être attribuée à la capacité importante de cette plante à éviter la formation de chlorophyllase (Flore et Lakso, 1989), une enzyme protéolytique responsable de la dégradation de la chlorophylle en conditions de stress hydrique sévères. Pour Osaki et *al.* (1991), la recherche de rendement élevé doit passer par la recherche de variétés à forte capacité photosynthétique.

Le déficit hydrique entraine également une modification de l'absorbation minérale. En condition moyenne, la teneur en Na^+ est remarquable au niveau des feuilles alors qu'en conditions sévère, la teneur devient plus importante au niveau des tiges ceci peut s'explique par le faite que la plante excrète une partie de sel dans le phloème pour éviter les dommages au niveau foliaire. Contrairement au sodium, la plante accumule le potassium en condition de stress moyen dans leurs tiges, alors qu'une augmentation du stress diminue cet élément dans les tiges pour augmenter au niveau des feuilles. Cette teneur augmente aussi au niveau des graines en fonction de la sévérité du stress ce qui est expliquée par la sélectivité ionique adoptée par la plante en cas de stress. Concernant la teneur en phosphore, les résultats indiquent que cet élément ne subi pas de grandes modifications. Il se concentre essentiellement en condition de stress moyen au niveau des tiges. Selon Ruales et Nair (1994) et Ahmed et *al.* (1998), la teneur en P chez le quinoa est très élevée par rapport au maïs et au blé. Peu de travaux existent sur l'effet du stress hydrique sur la modification ionique au niveau du quinoa. Nos résultats sont en accord avec ceux de Fghire et *al.* (2013) dans le sens que le déficit hydrique réduit la croissance végétative du quinoa ainsi que son rendement. Toutefois, cette réduction reste très faible par rapport à celle des autres plantes comme le maïs, le fève et l'haricot en condition de stress sévère (Hirich et *al.*, 2013).

Concernant la salinité, les graines de quinoa sont capables de germer dans un milieu enrichi en sel jusqu'à 25 dS/m mais la germination persiste (12 %) même avec 40 dS/m. Pour le pois chiche par exemple, la germination est totalement inhibée à 10,2 dS/m (Hajlaoui et *al.*, 2007). Cette inhibition est due à une augmentation de la pression osmotique externe affectant l'absorption de l'eau par les graines et/ou bien à une accumulation des ions Na^+ et Cl^- dans l'embryon. Cet effet toxique peut conduire à l'altération des processus métaboliques de la germination et dans le cas extrême à la mort de l'embryon par excès d'ions. Nos résultats sur le quinoa sont en accord avec Brakez et *al.* (2013) dans le sens que le quinoa peut germer dans des conditions de stress élevé. Cette capacité de germer en présence de sel a été expliquée par Koyro et Eisa (2008) par le faite que la présence de péricarpe qui recouvre la graine joue le rôle d'une barrière pour éviter le passage des ions toxiques à l'intérieur de la graine. Concernant la croissance de cette plante, nos résultats montrent que la surface foliaire du quinoa atteint son maximum dans un milieu enrichi en sel (10 et 25 dS/m). Lorsque la salinité augmente, une diminution de la surface foliaire se produit mais reste supérieur a celle du témoin. D'après Jacobsen et *al.* (2003), la tolérance de la plante à des concentrations de sel élevées est due essentiellement à sa capacité d'accumuler les ions toxiques au niveau vacuolaire et d'ajuster le potentiel osmotique foliaire pour maintenir la turgescence et la transpiration cellulaire. Concernant la croissance, nos résultats indiquent que la salinité n'affecte pas négativement la croissance foliaire du quinoa comparativement à celle des racines. Les matières fraiche et sèche atteignent leur maximum à 10 dS/m. Nos résultats sont ainsi en accord avec ceux de Haridia et *al.* (2011). En effet, dans des cas similaire pour le blé, la salinité affecte la partie foliaire plus que la partie racinaire (Zhu, 2004). Par ailleurs, la salinité n'a pas d'effet significatif sur le diamètre jusqu'à 25 dS/m sauf une légère réduction à 40 dS/m. Ce n'est pas le cas de l'accroissement en hauteur qui a subi une diminution d'environ 41 % à 40 dS/m. Selon Zhu (2004), la réduction de la croissance d'une plante en condition de stress s'explique par sa capacité adaptative nécessaire à la survie. Ce retard de développement permet à la plante d'accumuler de l'énergie et des ressources pour combattre le stress avant que le déséquilibre entre l'intérieur et l'extérieur de l'organisme n'augmente jusqu'à un seuil ou les dommages seront irréversibles. Le nombre d'épis par plante atteint son maximum à 10 dS/m mais il est très réduit à 40 dS/m. Selon Haridia et *al.* (2011), le succès de la croissance de la biomasse optimale des plantes de quinoa à 100 mM (10 dS/m) suggère que cette plante a un système très efficace pour assurer son ajustement osmotique en présence de sel.

D'après Steele et *al.*, (2008), la teneur en chlorophylle peut être considérée comme un indicateur clé de l'état physiologique de la plante. En effet, la teneur en pigment chlorophyllien diminue en présence d'une concentration moyenne de sel par rapport au témoin alors qu'une augmentation du stress n'a aucun effet sur la teneur chlorophyllienne. Ces résultats sont en accord avec ceux de Haridia et *al.* (2011) dans le sens que la salinité n'a aucun effet sur la performance photosynthétique du quinoa en condition très sévère. La diminution est probablement due à l'effet inhibiteur de l'accumulation de Na^+ dans le cytosol ce qui perturbe la stabilité du chloroplaste (Ali et *al.*, 2004), alors que l'augmentation est expliquée par le faite que le quinoa recours à la séquestration vacuolaire de Na^+ pour éviter les dommages. Cette séquestration vacuolaire est engendrée par un antiport Na^+/H^+ tonoplastique (Bonales-Alatorre et *al.*, 2013). Une augmentation de la salinité de 10 à 40 dS/m entraine une augmentation de la teneur en sodium dans tous les organes; les teneurs maximales sont observées surtout au niveau de la partie aérienne (tiges et feuilles) ce qui suggère une importante efficacité d'absorption des ions sodium par la sève xylémique. La teneur de K^+ augmente en fonction de l'augmentation de la salinité dans les feuilles ce qui explique l'importance de l'ion potassium dans l'ajustement osmotique sous des conditions salines élevées (Haridia et *al.*, 2011). D'après ce dernier, Il existe une corrélation importante entre la stimulation des flux de K^+ et H^+ en présence de NaCl au niveau racinaire ce qui suggère qu'une rapide activité des H^+ ATPase induite par le NaCl est nécessaire pour retourner le potentiel membranaire dépolarisé et empêcher la fuite des ions K^+ du cytosol. Selon Yamaguchi et Blumwal (2005), une sélectivité entre les ions Na^+ et K^+ apparait en cas de stress dépendante du flux de Ca^{2+}. Concernant la teneur en P, une augmentation est observée uniquement à 10 dS/m. Le stress salin inhibe généralement l'absorption des éléments nutritifs essentiels comme P et K^+ ce qui affecte la croissance et le développement de la plante (Ibriz et *al.*, 2004). Dans l'ensemble, nos résultats sont en accord avec ceux de Jacobsen et *al.* (2009) dans le sens que le quinoa est très tolérant au sel à 10 et 20 dS/m (Jacobsen et *al.*, 2009). Haridia et *al.* (2011) a signalé que le quinoa peut croitre dans des milieux salins atteignant 500 mM.

En résumé et sur la base de nos résultats, le quinoa s'adapte aussi bien au stress hydrique sévère qu'au stress salin sévère. L'adaptation au stress hydrique semble se réaliser par la fermeture des stomates minimisant ainsi la perte d'eau engendrant la réduction de sa croissance limitant ses besoins et l'évitant de la dégradation chlorophyllienne sans affecter la teneur en élément minéraux. La résistance du quinoa à la sécheresse apparait comme le résultat de nombreuses modifications morphologique et physiologique qui interagissent pour permettre le maintien d'une bonne croissance face à ces conditions agressives. Concernant l'adaptation au stress salin, elle semble se produire par un ajustement du potentiel osmotique foliaire et le maintien de la turgescence et la transpiration cellulaire. L'accumulation vacuolaire du sodium ainsi que la réduction de la teneur en certains éléments comme le phosphore et le potassium expliquent, en partie, la réduction de la production en biomasse. D'une manière générale, la résistance d'une plante à une contrainte peut être définie, du point de vue physiologique, par sa capacité à survivre et s'accroître et du point de vue agronomique par sa capacité d'obtenir d'un rendement très important que celui des plantes sensibles.

Conclusion Générale & Perspectives

Les problèmes liés à la rareté de l'eau et à la salinité prennent de plus en plus d'ampleurs dans le Monde et en Tunisie. En parallèle, la gestion de ces problèmes connaît de plus en plus d'innovations qui s'appuient sur des recherches. Plusieurs disciplines sont concernées et plusieurs techniques, approches et stratégies sont employées. Dans ce sens, la recherche d'espèces et de cultivars plus adaptés au manque d'eau et plus tolérants à la salinité est envisagée. Le quinoa, une pseudo-céréale (*Chenopodium quinoa Willd*) a été identifiée comme une plante 'miraculeuse' d'Amérique du Sud pouvant contribuer à améliorer l'efficience de l'eau sous une contrainte saline élevée. Dans cet objectif, on a mis en route une première expérimentation sous conditions contrôlées à l'INRGREF. L'expérimentation réalisée dans des pots a concerné l'effet d'irrigation déficitaire en eau et l'effet excédentaire en sels sur cette plante. Ce travail préliminaire et limité dans le temps a permis d'observer un comportement 'exceptionnel' du quinoa vis-à-vis de la rareté de l'eau. Pour un besoin en eau estimé à seulement 255 mm, on a conduit nos essais avec des apports plus faibles compris entre 55 et 152 mm seulement. Malgré cela, on a obtenu une croissance, certes variable entre les apports en eau, mais prouvant la capacité du quinoa à supporter un stress hydrique sévère. Deux axes de recherche sont à mettre en œuvre : expliquer les mécanismes permettant l'adaptation du quinoa à la sécheresse et évaluer la gestion de l'irrigation du quinoa selon les différentes conditions pédoclimatiques de la Tunisie par des essais en plein champs.

Comme vis-à-vis de l'eau, la réponse du quinoa à la salinité est également 'exceptionnelle'. En effet, ces graines germent sans être affectées dans des solutions d'environ 25 dS/m et parviennent à germer dans une solution fortement salée d'environ 40 dS/m. Si on compare cette réponse à celle de plusieurs autres plantes, on se retrouve dans le cas d'une plante 'hors norme'. Dans le monde des plantes cultivées, le seuil de germination ne dépasse guère 10 dS/m. A titre de comparaison, l'orge qui est une céréale tolérante à la salinité, supporte la salinité jusqu'à 8 dS/m avant de subir l'effet négatif de l'excès de sels. L'aptitude du quinoa à s'adapter à de fortes salinités n'est pas limitée à la germination bien que c'est le stade le plus sensible. En effet, l'essai dans des pots en irrigant avec des eaux de salinité faible à très élevée, révèle un effet non significatif des fortes salinités sur les accroissements en hauteur et en diamètre, la surface foliaire et le rendement. Deux axes de recherche sont à entrevoir : expliquer les mécanismes permettant l'adaptation du quinoa à la salinité, évaluer la gestion de l'irrigation avec des eaux salées du quinoa selon les différentes conditions pédoclimatiques de la Tunisie par des essais en plein champs et étudier son comportement en sols salés de bordures de sebkhas.

Finalement, nos résultats préliminaires amènent à identifier le quinoa comme une plante résistante à la fois à la sécheresse et à la salinité. Il serait souhaitable de poursuivre et d'approfondir les travaux sur le quinoa qui semble tolérer les facteurs environnementaux très défavorables tout en ayant des qualités nutritionnelles exceptionnelles. Ces travaux concernent entre autres la biologie végétale, l'agronomie et l'écologie. D'une manière plus précise, les recherches peuvent concerner d'abord l'adaptation du quinoa aux conditions tunisiennes et ses périodes de plantation et sa tolérance au froid, identifier les variétés les plus adaptées à chaque contrainte et à chaque milieu et enfin entreprendre des études de biologie moléculaire pour expliquer les phénomènes et identifier les gènes responsables.

Références Bibliographiques

Abassi M., Mguis K., Ben Nja R., Albouchi A., Boujneh D. et Béjaoui Z., 2012. Adaptations micromorphologiques foliaires développées par le peuplier blanc (Populus alba L.) face à la salinité, Acta Botanica Gallica. Vol. 159. Pp. 9-15.

Adolf V.I., Jacobsen S.E. and Shabala S., 2013. Salt tolerance mechanisms in quinoa (Chenopodium quinoa Willd.). Environmental and Experimental Botany. Pp. 43-54.

Ahamed N.T., Singhal R.S., Kulkarni P.R. and Mohinder P., 1998. A lesser-known grain, Chenopodium quinoa: review of the chemical composition of its edible parts. Food Nutr Bull Vol. 19. Pp. 61-70.

Ashraf M., Athar H.R., Harris P.J.C. et Kwon T.R., 2008. Some Prospective Strategies for Improving Crop Salt Tolerance. Adv. Agronom. Vol. 97. Pp. 45-110.

Barhoumi Z., Djebali W., Smaoui A., Chaibi W. and Abdelly C., 2007. Contribution of NaCl excretion to salt resistance of Aeluropus littoralis

(Willd) Parl. J Plant Physiol. Vol. 164. Pp. 842-850.

Ben Gamra M., 2007. Comportement du Myrte en condition de stress salin. Mémoire de fin d'étude. Institue Supérieure des Science Biologique Appliquées de Tunis.

Ben Khaled A., Morte Gomez A., Honrubia M. et Oihabi A.2003. Effet du stress salin en milieu hydroponique sur le trèfle inoculé par le Rhizobium. Agronomie. Vol.23. Pp. 553-560.

Ben Naceur M., Rahmoune C., Sdiri H., Meddahi M.L. et Selmi M., 2001. Effet du stress salin sur la croissance et la production en grains de quelques variétés maghrébines de blé. Sécheresse. Vol 12. Pp. 167-174.

Benes E., Crespo F. et Madrigal K.2001. The quinoa cluster: competitive diagnosis and strategic recommendations. Pp. 54.

Bhargava A., Sbukla S. and Ohri D., 2006. Chenopodium quinoa-An Indian perspective. Ind Crop Prod. Vol.23. Pp. 73-87.

Blum A. et Ritchie J.T., 1984. Effect of soil surface water content on sorghum root distribution in the soil. Field Crops Res. Vol. 8.Pp.169-176.

Bois J.F., Dizes J. et Lasceve G., 1987. Réponse du riz à l'application d'acide abscissique exogène. Fermeture stomatique et enroulement foliaire. Plant Physiology. Pp. 449-452.

Bonales-Alatorre E., Shabala S., Chen Z.H., and Pottosin I., 2013. Reduced Tonoplast Fast-Activating and Slow-Activating Channel Activity is essential for c onferring salinity tolerance in a facultative halophyte, quinoa. Plant Physiology.Vol. 162. Pp. 940-952.

Bouaouina S., Zid E. et Hajji M., 2000. Tolérance à la salinité, transports ioniques et fluorescence chlorophyllienne chez le blé dur (Triticum turgidum L.) .CIHEAM Options Méditerranéennes. Pp. 239-243.

Boyer J.S. and Westgate M.E., 2004. Grain yields with limited water. J. Exp. Bot. Vol. 55. Pp. 2385-2394.

Braham M. et Lemeur R., 1994. Comparaison de la capacité photosynthétique et de la fluorescence chlorophyllienne chez l'olivier Olea europaea L. soumis à un déficit hydrique, Revue de l'Insti-tut des régions arides.

Brakez M., El Brik K., Daoud S. and Harrouni M.C., 2013. Performance of Chenopodium quinoa under salt stress. Developments in Soil Salinity Assessment and Reclamation. Pp. 463-478.

Cauda C., Micheletti C., Minerdo B., Scaffidi C. et Signoroni E., 2013. Quinoa in the kitchen. Revue.

Chaves M.M., Maroco J.P, and Pereira J.S., 2003. Understanding plant responses to drought from genes to the whole plant. Funct plant Biol. Vol. 30. Pp. 239-264.

Cornai S., Bertazzo, A., Bailoni, L., Zancato, M., Costa, C.V.L., Allegri, G., 2007. The content of proteic and nonproteic (free and protein-bound) tryptophan in quinoa and cereal flours. Food Chem. Vol. 100. Pp. 1350-1355.

Cornelissen J.H.C., Lavorel S., Garnier E., Diaz S., Buchmann N., Gourvitch D.E., Reich P.B., Ter Steege H., Morgan H.D., Vander Heijden M.G.A., Pausas J.G. et Poorter H., 2003. Un manuel de protocoles de mesure normalisée et facile de traits fonctionnels de plantes dans le monde entier. Aust. J. Bot. Vol.51. Pp. 335-380.

Cornic G. and Briantais J.M., 1991. Partitioning of photosynthetic electron flow between CO_2 and O_2 reduction in a C_3 leaf (Phaseolus vulgaris L.) at different CO_2 concentrations and during drought stress. Planta. Vol. 183. Pp. 178-184.

David J.C. et Grongnet J.F., 2001. Les protéines de stress. INRA Prod. Anim.Vol.14. Pp.29-40.

Doran J.C. and Gunn V., 1986. Treatments to promote seed germination in Australian acacias. In Australian Acacias in Developping Countries, Turnbull J.W. Ed, Gympie, Australie. Pp. 57-63.

El Midaoui M., Benbella M., Aït Houssa A., Ibriz M., Talouizte A., 2007. Contribution à l'étude de quelques mécanismes d'adaptation à la salinité chez le tournesol cultivé (Helianthus annuus L.). Revue Hommes Terre et Eaux n°136.

Endo A., Sawada Y., Takahashi H., Okamoto M., Ikegami K., Koiwai H., Seo M., Toyomasu T., Mitsuhashi W., Shinozaki K., Nakazonz M., Kamiya Y., Koshiba T. and Nambara E., 2008. Drought introduction of Arabidopsis 9-cis-

Epoxycarotenoid Dioxygenase Occurs in Vascular Parenchyma Cells. Plant Physiologie.Vol.147. Pp.1984-1993.

Epron D. et Toussaint M., 1999. Effects of sodium chloride salinity on root growth and respiration in oak seedling. Ann. For. Sci. Vol. 56. Pp. 41-47.

FAO, 2011. The state of food insecurity in the world. Food and Agriculture Organization of the United Nations, Rome. http://www.fao. Org. Accessed 4 Oct 2013.

FAO, 2014. Le Quinoa trace sa voie dans les pays des régions du Proche-Orient et de Nord de l'Afrique. www.FAO.org

Fghire R., Issa A.O., Filali K., Benlhabib O. and Wahbi S., 2013. Deficit Irrigation and fertilization impact on quinoa water and yield productions, International Conference on: Sustainable Water Use for Securing Food Production in the Mediterranean region under Changing Climate, Agadir, Morocco, march 10-15.

Flore J.A., Lakso A.N., 1989. Environmental and physiological regulation of photosynthesis in fruit crops. Hortic. Rev. Vol. 11. Pp. 111-157.

Foste M., Nordlohne S.D., Elgeti D., Linden M.H., Heinz V., Jekle M. and Becker T., 2014. Impact of quinoa bran on gluten- free dough and bread Characteristics. Eur Food Res Techno.

Fraser T.E., Silk W.K. and Rost T.L., 1990. Effect of low water potential on cortical cell lenth in growing region of maize roots. Physiology Vol. 93. Pp. 648-651.

Fuentes F.F., Bazile D., Bhargava A., Martínez E.A., 2012. Implications of farmers' seed exchanges for on-farm conservation of quinoa, as revealed by its genetic diversity in Chile. J Agr Sci. Vol. 150. Pp. 702-716.

Gandarillas H., 1979a. La quinua (Chenopodium quinoa Willd.): Botánica. In: Tapia M.E. et al., eds. La Quinua y la Kañiwa cultivos andinos. Bogota: CIID-IICA. Pp. 20-44.

Gate P., Blondlot A., Gouache D., Deudon O. et Vignier L., 2008. Impacts du changement climatique sur la croissance et le développement du blé en France. OCL. Vol. 15. Pp. 332-336.

Geerts S., Raes D., Garcia M., Mendoza J. and Huanca R., 2008. Crop water use indicators to quantify the flexible phenology of quinoa (Chenopodium quinoa Willd.) in response to drought stress. Field Crops Research. Vol. 108. Pp.150-156.

Graciela M., 1990. Facteurs de stress agissant sur la production du blé en Argentine. Evaluation du mécanisme d'adaptation à la sécheresse. Thèse de Doctorat, école nationale supérieure d'agronomie, Montpellier. Pp. 80.

Greenway H. and Munns R., 1980. Mechanisms of salt tolerance in non halophytes. Plant Physiol.Vol. 31. Pp. 149-190.

Gupta N., Thind S.K. et Bains N.S., 2014. Glycine betaine application modifies biochemical attributes of osmotic adjustment in drought stressed wheat. Plant Growth Regulation.

Hachicha M., 2007. Les sols salés et leur mise en valeur en Tunisie. Sécheresse. Vol. 18. Pp. 45-50.

Hager A.S., Makinen O.E. and Arendt E.K., 2014. Amylolytic activities and starch reserve mobilization during the germination of quinoa. Eur Food Res Technol. Vol. 239. Pp. 621-627.

Hajlaoui H., Denden M. et Bouslama M., 2007. Etude de la variabilité intraspécifique de tolérance au stress salin du pois chiche (Cicer arietinum L.) au stade germination. Tropicultura. Vol. 25. Pp. 168-173.

Hariadi Y., Marandon K., Tian Y., Jacobsen S.E. and Shabala S., 2011. Ionic and osmotic relations in quinoa (Chenopodium quinoaWilld.) plants grown at various salinity levels Journal of Experimental Botany. Vol. 62. Pp. 185-193.

Havaux M. et Tardy F. ,1999. Loss of chlorophyll with limited reduction of photosynthesis as an adaptive response of Syrian Barely landraces to high light and heat stress. Aust J plant Physiol. Vol 26. Pp.569-578.

Hedhbi K., 1996. Semis. In : Cultures du blé et de l'orge dans les régions semi-arides de la tunisie. E.S.A.K. Pp.25-8.

Heuer B., and Nadler A., 1998. Physiological response of potato plants to soil salinity and water deficit. Plant Science.Vol. 137. Pp. 43-51.

Hirich A., El Omari H., Lamaddalena N., Hamdy A., Jacobsen S.E., Jelloul A., Choukr-Allah R., 2013. Quinoa and chickpea responses to irrigation water salinity. SWUPMEDProgramme. Morocco

Hopkins W.G., 2003. Physiologie végétale, traduction de la 2ed.américane. Par sergo rambour revision scientifique de Charles – maric Evradr boeck univ. Bruxelles. Pp. 61-464.

Ibriz M., Thami Alami I, L. Zenasni L., Alfaiz C. et Benbella M., 2004. Production des luzernes des régions pré-sahariennes du Maroc en conditions salines. Vol.180. Pp. 527-540.

Jacobsen S.E. and Stølen O., 1993. Quinoa Morphology, phenology and prospects for its production as a new crop in Europe. European Journal of Agronomy. Vol. 2. Pp.19-29.

Jacobsen S.E., Jensen C.R. and Liu F., 2012. Improving crop productionin the arid

Mediterranean climate. Field Crop Res.Vol. 128. Pp. 34-47.

Jacobsen S.E., Jørgensen I. and Stølen O., 1994. Cultivation of quinoa (Chenopodium quinoa) under temperate climatic conditions in Denmark. Journal of Agricultural Science.Vol. 122. Pp.47-52.

Jacobsen S.E., Liu F., Jensen C.R., 2009. Does root-sourced ABA play a role for regulation of stomata under drought in quinoa (*Chenopodium quinoa Willd.*) Scientia Horticulturae. Vol. 122. Pp. 281-287.

Jacobsen S.E., Mujica A. and Jensen C.R. 2003. The resistance of quinoa (Chenopodiumquinoa Willd.) to adverse abiotic factors. Food Reviews International 19. Pp. 99–109.

Jacobsen S.E., Quispe H., Christiansen J.L. and Mujica A., 2000b. What are the mecanisms responsible for salt tolerance in quinoa (Chenopodium quinoa Willd.). European Cooperation in the Field of Scientific and Technical Research (E. Commission, ed.), Bruxelles. Pp. 511-516.

Jagtap V., Bhargava S., Streb P. and Feierabend J., 1998. Comparative effect of water, heat and light stresses on photosynthetic reactions in Sorghum bicolour (L.) Moench, J. Exp. Bot.Vol. 49. Pp.1715-1721.

Jammazi M. and Hachicha M., 2000. Demande et validation nouvelles des methodes verser la détermination electromagnetique de la teneur en eau et de la salinite: la reflectometrie dans le domaine temporel (TDR) et la conductivimetrie electromagnetique. INRGREF, rapport de technique-Tunisie. Pp.30.

Jensen C.R., Jacobsen S.E., Andersen M.N., Nunez N., Andersen S.D., Rasmussen L., Mogensen V.O., 2000. Leaf gas exchange and water rela-tion characteristics of field quinoa (Chenopodium quinoa Willd.) during soil drying. Eur. J. Agron. Vol. 13.Pp. 11-25.

Kadri K., Maalam S., Cheikh M.H., Benabdallah A., Rahmoune C. et Ben Naceur M., 2009. Effet du stress salin sur la germination, la croissance et la production en grains de quelques accessions Tunisiennes d'orge (Hordeum vulgare L.) Sciences & Technologie Vol.29. Pp. 72-79.

Kasraoui M.F., Braham M., Denden M., Mehri H, Garcia M., Lamaze T.et Attia F., 2006. Effet du déficit hydrique au niveau de la phase photochimique du PSII chez deux variétés d'olivier. C. R. Biologies. Vol.329 . Pp. 98-105.

Koyro H. W. and Eisa S. S., 2008. Effect of salinity on composition, viability and germination of seeds of Chenopodium quinoa Willd. Plant Soil. Vol. 302. Pp. 79-90.

Lachhab I., Louahlia S., Laamarti M., et Hammani K., 2013. Effet d'un stress salin sur la germination et l'activité enzymatique chez deux génotypes de Medicago sativa. Vol.3. Pp. 511-515.

Lenher A., Bailly C., Flechel B., Poels P., Côme D. et Corbineau F., 2006. Changements dans les semences de blé capacité de germination, des glucides solubles et les activités des enzymes antioxydantes chez l'embryon au cours de la phase de dessiccation de la maturation. J. Cereal Sci. Vol. 43. Pp. 175-182.

Lionello P., Malanotte-Rizzoli P. and Boscolo R., 2006. Mediterranean climate variability. Developments in Earth & Environmental Sciences Vol.4. Pp. 496.

Ludlow M.M., 1989. Strategies in response to water stress.Structural and Functional Responses to Envronmental Stresses: Water Shortage. SPB Academic Press. Pp. 269-281.

Martinez E.A., Brazile D., Thomet M., Delatorre J., Salazar E., Leon-Lobos P., Von Bear I. and Nunez L., 2010. Neo-Liberalism in Chile and its Impacts on agricultura and biodiversity conservation: the experience with the re-start of quinoa crop cultivation.Innovation and Sustainable Development. ISDA.

Martinez E.A., Jorquera J.C., Veas E. & Edurdo C., 2009. El futur de la quinoa en la región arida de Coquimbo: leeciones y eseenarios a partir de una investegacion sbore su biodiversidad en Chile para la acción con agricultores locales.Revista Geografica de Valparaiso. Vol.42. Pp. 96-111.

Maughan P.J., Turner T.B., Coleman C.E., Elzinga D.B., Jellen E.N., Morales J.A., Udall J.A., Fairbanks D.J. and Bonifacio A., 2009. Characterization of Salt Overly Sensitive (SOS1) gene homoeologs in quinoa (Chenopodium quinoa Willd.). Genome. Vol. 52. Pp. 647-657.

Megherbi A., Mehdadi Z., Toumi F., Moueddene K. and Bachir Bouadjra S.E., 2012. Tolérance à la sécheresse du blé dur (Triticum durum Desf.) et identification des paramètres morpho-physiologiques d'adaptation dans la région de Sidi Bel-Abbès (Algérie occidentale). Acta Botanica Gallica. Vol. 159. Pp. 137-143.

Mujica A., Jacobsen S.E., Izquierdo J. & Marathée J.P., eds, 2001. Quinua (Chenopodium quinoa Willd.): ancestral cultivo andino, alimento del presente y futuro. In: Izquierdo Fernández J.I. et al., eds. Cultivos Andinos. [CD-ROM]. Santiago: FAO.

Munns R., 1993. Physiological process limiting plant growth in saline soils: some dogmas and hypotheses. Plant Cell. Environ.Vol. 16. Pp. 15-24.

Munns R., 2002.Comparative physiology of Salt and Water stress. Plant. Cell and Environment. Vol. 25. Pp. 239-250.

Nixon P.J. Barker M. Bohem M. De Vries R. and Komennda J., 2005. Mediated repair of the photosysteme II complex in response to light stress. Edit. Journal of Experimental Botany. Vol. 56. Pp. 357-363.

Nogués S. and Baker N.R., 2000. Effect of drought on photosynthesis in Mediterranean plants grown under enhanced UV-B radiation, J. Exp. Bot. Vol. 51. Pp. 1309-1317.

Osaki M., Morikawa K., Yoshida H., Shinano T. and Tadano T., 1991. Productivity of high yielding crops. I. Comparison of growth and productivity among high yielding crops. Soil Sci. and Plant Nutri. Vol. 37. Pp.331-339.

Pacheco A., Morlon P. & Rossel J., 1978. Los sistemas radículares de las plantas de interés económico en el Altiplano de Puno: un estudio preliminar. Puno, Perú. Pp. 20.

Park J., Okita T.W. and Edwards G.E., 2009. Salt tolerant mechanisms in single-cell C4 species

Bienertia sinuspersici and Suaeda aralocaspica (Chenopodiaceae). Plant Science. Vol. 176. Pp. 616–626.

Radhouane L., 2008. Effet du stress salin sur la germination, la croissance et la production en grains chez quelques écotypes de mil (Pennisetum glaucum) autochtones de Tunisie. C.R. Biologies Vol. 331. Pp 278-286.

Radhouane L., Aissa N. et Romdhane L., 2014. Effets d'un stress hydrique applique a différents stades de développement des semences chez un écotype autochtone de sorgho grain. Journal of Applied Biosciences. Vol. 74. Pp. 6149-6156.

Razzaghi F., 2011. Acclimatization and agronomic performance of quinoa exposed to salinity, drought and soil-related abiotic stresses. Ph.D. Thesis. Department of Agroecology Science and Technology. Aarhus University. Pp.1-124.

Riou C., 1993. L'eau et la production végétale. Sécheresse. Vol. 2. Pp. 75-83.

Romero-Aranda R., Sotia T. and Cuarto J., 2001. Tomato plant-water uptake and plant-water relationships under saline growth conditions, Plant Sci. 160. Pp. 265-272.

Ruales J. and Nair B.M., 1993. Content of fat, vitamins and minerals in quinoa (Chenopodium quinoa Willd) seeds. Food Chem.Vol. 48. Pp 137-143.

Shabala S., Hariadi Y. and Jacobsen S.E., 2013. Genotypic difference in salinity tolerance in quinoa is determined by differential control of xylem Na^+ loading and stomatal density. Journal of Plant Physiology. Vol. 170. Pp. 906-914.

Slama A., 1996. Effet d'une contrainte hydrique édaphique sur le développement du système racinaire de deux variétés de blé dur. DEA de physiologie végétale, faculté des sciences de Tunis.

Spanò C., Bruno M. et Bottega S., 2013. Etude de laboratoire d'une plante Calystegia soldanella pour mettre en évidence les caractéristiques physiologiques d'adaptation clés. Acta Physiol. Plante. Vol. 35. Pp. 1329-1336.

Steduto P., Albrizio R., Giorio P., Sorrentino G., 2000. Gas Exchange response and stomatal and non-stomatal limitations to carbon assimilation of sunflower under salinity. Vol. 144. Pp. 243-255.

Steele, M, A.A. Gitelson, and D.C. Rundquist. 2008. A comparison of two techniques for non-destructive measurement of chlorophyll content in grapevine leaves. Agron J. Vol. 100. Pp. 779-782.

Torrecillas A., Leon A., Del Amor F. and Martinez-Monpean M.C., 1984. Determinación rápida de clorofila en discos foliares de limonero. Fruits 39, 617-22.

Tremblin G. et Binet P. 1984. Halophilie et résistance au sel chez Halopepelis amplexicaulis (Vahl) Ung. Oecol. Plant. Pp. 291-293.

Warn C., Sosebee R.E. and Michel B.L., 1993. Drought induced canes in wáter relations in broom snakeweed (Gutierreziz sarothrae) under green house and field grown conditions. Environ. Exp. Bot. Vol. 33. Pp. 323-330.

Yamaguchi T. and Blumwald E., 2005. Developing salt-tolerant crop plants: challenges and opporunities. Trends Plant Sci Vol. 10. Pp. 615-620.

Yeo A.R. and Flowers T. J., 1980. Salt Tolerance in the Halophyte Suaeda marítima L. Dum: Evaluation of the Effect of Salinity upon Growth. Journal of Experimental Botany. Vol. 31. Pp. 1171-1183.

Zentella R., Mascorro-Gallardo J.O. and Van Dijck, 1999. A Selaginella lepidophylla Trehalose-6-Phosphate Synthase Complements Growth and Stress-Tolerance Defects in a Yeast tps Mutant. Plant Physiol. Vol. 119. Pp. 1473-1482.

Zhang H.X., Hodson J.N., Williams J.P., Blumwald E., 2001. Engineering salt-tolerant Brassica plants: characterization of yield and seed oil quality in transgenic plants with increased vacuolar sodium accumulation. Proc Natl Acad Sci U S A. Vol. 98. Pp. 12832-12836.

Zhu J.K., 2004. Regulation of ion homeostasis under salt stress. Curr. Opin. Plant Biol.Vol. 6. Pp. 41-45.

Zinselmeier C., Jeong B.R., Boyer J.S., 1999. Starch and the control of kernel number in maize at low water potential. Plant Physiol. Vol. 121. Pp. 25-35.

http://www.fao.org/ag/agl/agll/spush.
http://www.institut klorane.org/botanique/herbiers

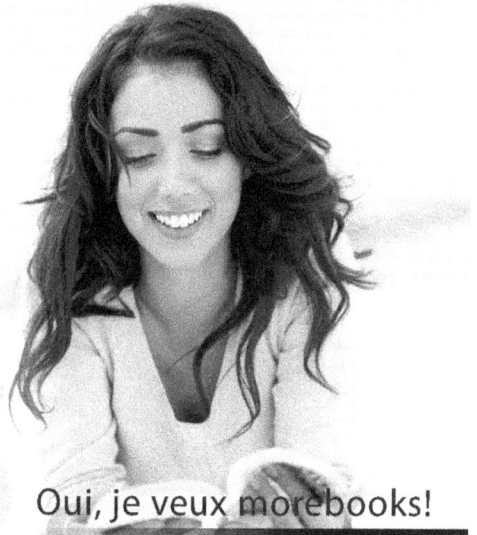

www.ingramcontent.com/pod-product-compliance
Lightning Source LLC
Chambersburg PA
CBHW021104210326
41598CB00016B/1320